廖楷平的
俬房甜點鋪

廖楷平 著

作者序

與點心連結的情感，都是無價的回憶與感動

在一次偶然的機緣，我翻開了烘焙教科書，閱讀書中的內容後，便萌生出對甜點世界的迷人嚮往。烘焙與過往所唸的機械紡織相比，充滿了趣味與快活的生命力，至此之後，我便毅然決然地踏上烘焙的學習之路，並在這個領域鑽研了將近二十年。

本書收錄了我在職場工作與烘焙教學數年，銖積寸累下的珍貴經驗，從最容易的基本製作，再到難度很高的組合式甜點都有。而我在撰寫這本書籍時，心中總想著要帶給大家：方便取得的食材、不費力的操作、滿滿的成就感，讓大家在面對烘焙時都能夠駕輕就熟，在輕鬆的氛圍中製作出書中的每一個品項。

我將內容分成了 7 大類，每一個類別都盡量使用不同的技法來製作，例如：磅蛋糕使用了「糖油拌合法」與「分蛋法」，也使用大量的杏仁粉。多元的技法除了讓各位學習外，也讓大家得以經由不同的製作方式，比照出同個點心、不同的作法，呈現在口感上的差異。

同時，本書也收錄了許多傳統蛋糕，這些品項都牽連著我兒時的回憶，雖然現今的市場充滿了各式各樣、多元的甜點，但就像我在原味戚風蛋糕裡所提到的：與那些點心連結的情感，都是無價的回憶與感動，希望大家能夠透過甜點書，找到屬於自己獨有的回憶，並以此創造出隨心所欲的美好生活。

本書獻給這些年來不斷讓我成長、曾經幫助過我、一路以來支持著我的學員們，還有協助本書製作的各位夥伴，衷心感謝大家。

倆房甜點鋪主廚　廖楷平

烘焙達人到你家，帶你輕鬆做甜點

在現今忙碌的社會裡，撥出些許時間喝杯下午茶，享受烘焙甜點所帶來了愉悅，這種心靈上的滋潤是何等的愜意。「鹹食養人，甜食悅人」，的確，在閒暇之餘，為家人、為愛人、更為自己做上美味可口的烘焙小甜點，是多麼幸福的小確幸。

廖楷平師傅畢業於國立高雄餐旅大學烘焙管理系，抱著那份對烘焙熱愛的初衷，烘焙就是他的人生。廖師傅就讀高餐時，本人很榮幸能擔任他的導師，日常相處中，發現他具有烘焙達人的天賦，不論在烘焙理論或專業上表現都較同儕更為出眾，愈是相處愈了解他的天賦是來自於對烘焙的興趣，與努力所造成的，全身上下散發出的烘焙氣息，成就了今日的烘焙達人，身為導師的我與有榮焉。

廖師傅專精於各式的烘焙甜點，很高興他能將多年心得與經驗，無私地分享給熱愛烘焙、志同道合的夥伴們，這本書將呈現 7 大類 35 項精緻甜點，內容深入淺出、易學易做，在家也能為家人、為朋友做出心意滿滿、甜在心頭的烘焙小點心，在此誠心推薦，願幸福圍繞你我周圍。

國立高雄餐旅大學烘焙管理系副教授　徐永鑫

推薦序

沉穩、踏實、用心貫穿書中的一字一句

廖楷平老師是本校的烘焙系學生，從學校畢業後，他在烘焙這個專業領域上一路始終如一，一步一腳印，踏實且堅定地前進著，是一個充滿責任心以及為人謙虛的師傅。同時，他也很樂於分享所學，將自身積累的經驗教導給許多莘莘學子。

這是一本非常實用的食譜點心書，書中涵蓋了 7 大類 35 道甜點，每一個品項都非常適合拿來用在家庭聚餐、對外販售、下午茶時光等等；除此之外，針對踏入烘焙領域不久的新手，這本書也是可以拿來當作參考、實作的烘焙教科書。

本書化繁為簡，讓新手也能輕鬆做出幸福洋溢的美味甜點，而廖老師的沉穩、踏實、用心貫穿書中的一字一句，搭配詳細的圖解與步驟，絕對是一本值得推薦、收藏的好書！

國立高雄餐旅大學烘焙管理系副教授　葉連德

將「專業變成事業」是楷平一路以來的努力

很幸運曾經跟楷平老師一起合作過一段時間，當時還不知道他在廚藝教室界裡已是知名老師，只知道這個師傅工作很忙，不是在上班就是在教課，楷平的作品以簡潔有質感著名，精緻作品的背後，其實都是他將複雜的原理內化後展現的功力，書裡的七大類 35 道甜點，更是楷平老師萃取出西點蛋糕中的精華，由淺入深完整呈現，無法親自去上楷平的實體課程或線上課程的朋友，隨時隨地都可以翻閱這本食譜，用最佳、最輕鬆的方式學習烘焙，相信有楷平老師在前方引路，讀者也能在其中獲得成就感！

與楷平老師各自發展後，我最常遇到他的地點是在講習會、比賽說明會以及烘焙展會場，雖然只能短暫問候彼此的近況，但每次遇見，都覺得如此優秀的人都這麼努力了，相比之下我實在沒有任何理由偷懶。

將「專業變成事業」是楷平一路以來的努力，築夢踏實，始終朝著更好的方向前進，本書不只是一本食譜，裡面承載著更多是楷平老師的經驗與知識，希望大家在閱讀完本書之後，可以跟他一起享受做甜點的樂趣。

奇美食品西點研發主廚 蘇曉芬

目錄篇

奶類

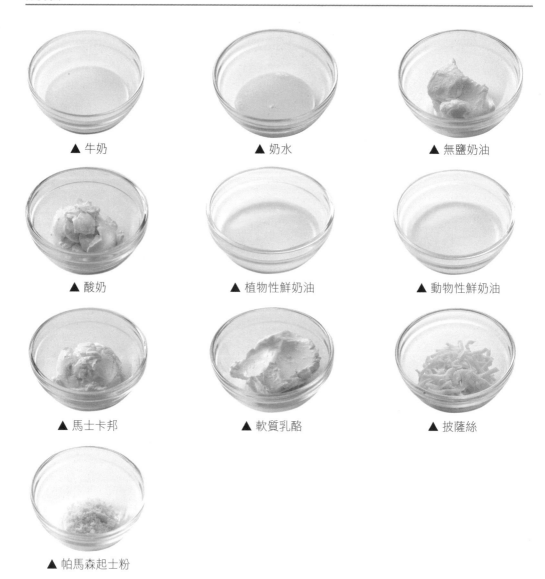

▲ 牛奶　　　　　　　▲ 奶水　　　　　　　▲ 無鹽奶油

▲ 酸奶　　　　　　　▲ 植物性鮮奶油　　　　▲ 動物性鮮奶油

▲ 馬士卡邦　　　　　▲ 軟質乳酪　　　　　　▲ 披薩絲

▲ 帕馬森起士粉

介性材料

▲泡打粉　　　　　　　▲ 玉米粉　　　　　　　▲ 吉利丁片

雞蛋、麵粉

▲ 全蛋

▲ 蛋白

▲ 蛋黃

▲ 高筋麵粉

▲ 低筋麵粉

油品和調味料

▲ 細砂糖

▲ 鹽巴

▲ 玄米油

▲ 乾燥蔥

▲ 辣椒粉

▲ 黑胡椒粒

▲ 蜂蜜

▲ 香草夾醬

果醬、果乾、堅果

▲ 藍莓果醬

▲ 糖漬柑橘

▲ 水蜜桃乾

▲ 蔓越莓乾

▲ 核桃

▲ 杏仁角

▲ 杏仁片

▲ 杏仁粉

▲ 開心果

▲ 南瓜子

新鮮蔬果

▲ 百香果

▲ 檸檬

▲ 新鮮水果

酒類、巧克力

▲ 白蘭地

▲ 康圖酒

▲ 蘭姆酒

▲ 調溫巧克力

▲ 耐烤巧克力

風味材料

▲ 美乃滋

▲ 豬肉脯

▲ 新鮮青蔥

風味粉

▲ 可可粉

▲ 伯爵茶粉

▲ 即溶咖啡粉

▲ 抹茶粉

▲ 紅茶粉

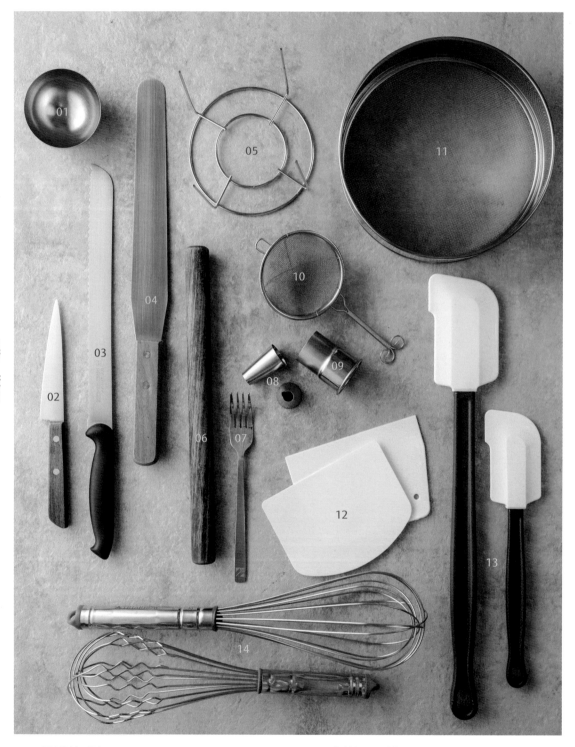

器具篇

01. 麵糊比重杯
02. 水果刀
03. 鋸齒刀
04. 抹刀

05. 蛋糕叉
06. 擀麵棍
07. 叉子
08. 平口花嘴

09. 慕斯圈壓模
10. 糖粉篩
11. 不鏽鋼粉篩
12. 麵糊刮板

13. 耐高熱矽膠刮刀
14. 手持打蛋器

器具篇

15. 費南雪烤模
16. 咕咕霍夫連模
17. 甜甜圈碳鋼不沾模
18. 磅蛋糕模

19. 蛋糕轉臺
20. 六吋中空戚風蛋糕模
21. 不鏽鋼慕斯圈
22. 瑪德蓮模具

23. 六吋固定模
24. 活動式六吋派盤

基本介紹：鮮奶油內餡作法

咖啡香緹

材料

動物性鮮奶油①	127	g
即溶咖啡粉	6	g
吉利丁片	1	片
調溫白巧克力	82	g
馬斯卡邦	82	g
動物性鮮奶油②	51	g

作法

1. 將動物性鮮奶油①和咖啡粉一起煮滾過濾。
2. 倒進白巧克力拌勻。
3. 接著加入在7℃飲用水泡軟、瀝乾的吉利丁片拌勻。
4. 再加入馬斯卡邦拌勻。
5. 加入動物性鮮奶油②拌勻，包上保鮮膜放置冷藏。
6. 冷藏 12 小時後再拿出打發使用。

鮮奶油香緹

材料

細砂糖	18 g		吉利丁凍：	
動物性鮮奶油①	78 g		水	10 g
香草莢醬	0.5 g		吉利丁片	1 片
吉利丁凍	12 g			
動物性鮮奶油②	210 g			

作法

1. 將細砂糖、動物性鮮奶油①與香草莢醬一起煮沸。
2. 煮沸後加入吉利丁凍拌勻。
3. 加入動物性鮮奶油②拌勻，包上保鮮膜放置冷藏。
4. 冷藏 12 小時後再拿出打發使用。

基本介紹：鮮奶油內餡作法

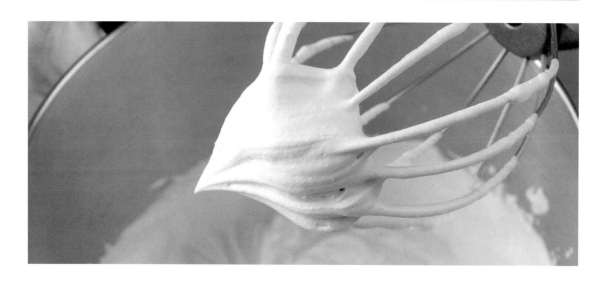

馬士卡邦香提

材料

動物性鮮奶油	220 g
一般糖粉	10 g
馬士卡邦	30 g

作法

1. 將將動物性鮮奶油倒入攪拌缸中。【圖 a】
2. 先加入一般糖粉，再加入馬士卡邦。【圖 b~c】
3. 用中速打發，至紋路明顯的狀態，冰入冷藏備用。【圖 d~e】

抹面鮮奶油

材料

動物性鮮奶油　200 g
植物性鮮奶油　500 g
君度橙酒　　　適量

作法

1. 先將植物性鮮奶油用中速打至約 5 分發。【圖 a】
2. 接著加入動物性鮮奶油，用中速打發至紋理明顯、有光澤的狀態。【圖 b】
3. 最後加入君度橙酒拌勻，冰入冷藏備用。【圖 c~d】

基本介紹：鮮奶油內餡作法

義式奶油餡

材料

水	30	g
細砂糖	95	g
無鹽奶油	179	g
蛋白	50	g
白蘭地	適量	

作法

1. 將蛋白用中速打發至起泡。
2. 將水與細砂糖一起煮到 118℃（會有糖絲產生）。
3. 將作法 2 倒入作法 1。
4. 倒入糖漿後用快速打發至紋理明顯，再改成中速打發至室溫狀態。
5. 加入無鹽奶油用快速打發。
6. 打發至蓬鬆、泛白的狀態。
7. 加入適量白蘭地拌勻。
8. 冰入冷藏備用。

香草卡士達餡

材料

鮮奶	268	g
動物性鮮奶油	54	g
無鹽奶油	54	g
細砂糖	41	g
玉米粉	17	g
全蛋	66	g
香草莢醬	1	g

作法

1. 先將鮮奶、動物性鮮奶油與無鹽奶油一起煮至冒泡。
2. 將細砂糖與玉米粉拌勻,再加入全蛋與香草莢醬拌勻。
3. 將作法 1 倒入作法 2 拌勻,再一起回煮至冒泡。
4. 在表面浮貼一層保鮮膜(避免表面結皮)。
5. 冰入冷藏備用。

Part-1
戚風蛋糕

戚風蛋糕介紹

戚風蛋糕的製作過程主要分成兩個階段：第一階段為蛋白打發後的狀態；第二階段為與部分麵糊的混合攪拌。在戚風蛋糕配方中所使用到的油脂主要是以沙拉油為主，會使用液體油脂最大的原因在於：液體油脂能夠讓蛋糕呈現更佳潤澤的樣態，如果不使用沙拉油也可以選擇使用奶油作為配方，但做出來的成品在冰入冰箱後會使得蛋糕口感有所差異。

戚風蛋糕涵蓋的範圍非常廣泛，也是市面上最多人喜愛的蛋糕品項，舉凡古早味蛋糕、布丁蛋糕、拜拜蛋糕等等，都是由這款蛋糕演變而來。戚風蛋糕最重要的步驟在蛋白的打發程度，這個過程會大大影響後續蛋糕的質地與凹陷程度；另外，烘烤的溫度與其它環節也都需要特別注意。

Part-1 戚風蛋糕

蛋白打發程度表

作法

1. 起始階段：1~2 分發，剛起泡時的階段，蛋白沒有彈性。
2. 濕性發泡初期：2~3 分發，蛋白略微成形，開始產生細小的氣泡。
3. 濕性發泡中期：5~6 分發，蛋白稍具彈性，組織結構更為細緻。
4. 濕性發泡後期：約 7 分發，打發後將蛋白勾起會稍微垂下。
5. 乾性發泡：約 9 分發，打發後勾起堅挺，呈現**鳥嘴狀**。
6. 最後階段：呈現**棉絮狀**，蛋白在攪拌器上會結成球狀。

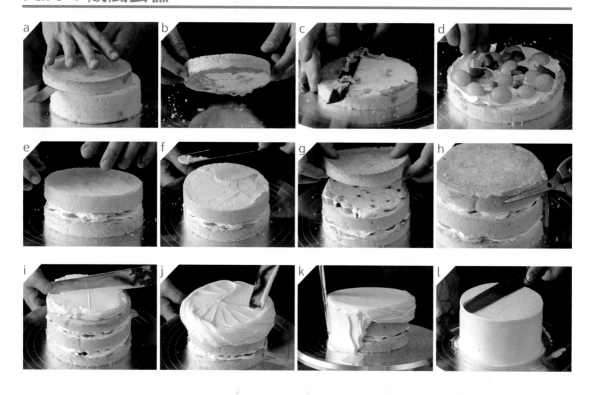

抹面裝飾：原味戚風蛋糕

材料
抹刀
鋸齒刀
蛋糕轉臺
剪刀
新鮮水果
抹面鮮奶油

作法
01. 轉動蛋糕轉臺，利用鋸齒刀將蛋糕裁切成三等份。【圖 a】

02. 翻轉最下層蛋糕體，將不工整處朝上放置，並稍微修整蛋糕體。【圖 b~c】

03. 在第一層蛋糕體擠上鮮奶油，均勻抹平後擺上裝飾用水果；再抹上一層鮮奶油後，蓋上第二層蛋糕體。【圖 d~e】

04. 在第二層蛋糕體擠上鮮奶油，均勻抹平後擺上裝飾用水果；再抹上一層鮮奶油後，蓋上第三層蛋糕體。【圖 f~g】

05. 放上第三層蛋糕體，轉動蛋糕轉臺，用剪刀修整蛋糕體不工整處。【圖 h】

06. 將蛋糕放置於轉臺圓心，轉動平臺確認蛋糕體有無偏移。

07. 在第三層蛋糕體上堆疊厚厚一層抹面鮮奶油，抹平後利用抹刀在奶油上方**畫十字**，確認需抹面位置。【圖 i】

08. 以**十字中心點**為圓心，將奶油撥至蛋糕體外側。【圖 j】

09. 將抹刀以 **90 度直角**的方式拿取，並轉動平臺讓奶油能夠均勻覆蓋住蛋糕體側面，如果奶油不夠可再補充鮮奶油修補。【圖 k】

10. 最後在表面上再次**畫十字**，並將四分之一的圓各別以**由外往內**的方式抹平。【圖 l】

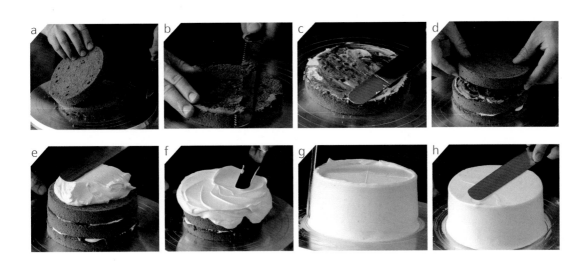

抹面裝飾：巧克力戚風蛋糕

材料

抹刀
鋸齒刀
蛋糕轉臺
剪刀
藍莓果醬
抹面鮮奶油

作法

01. 轉動蛋糕轉臺，利用鋸齒刀將蛋糕裁切成三等份。【圖 a】

02. 翻轉最下層蛋糕體，將不工整處朝上放置，並稍微修整蛋糕體。【圖 b】

03. 在第一層蛋糕體擠上鮮奶油，與藍莓果醬混合均勻、抹平，蓋上第二層蛋糕體。【圖 c】

04. 在第二層蛋糕體擠上鮮奶油，與藍莓果醬混合均勻、抹平，蓋上第三層蛋糕體。【圖 d】

05. 放上第三層蛋糕體，轉動蛋糕轉臺，用剪刀修整蛋糕體不工整處。

06. 將蛋糕放置於轉臺圓心，轉動平臺確認蛋糕體有無偏移。

07. 在第三層蛋糕體上堆疊厚厚一層抹面鮮奶油，並用抹刀在奶油上方**畫十字**，確認需抹面位置。【圖 e】

08. 以**十字中心點**為圓心，將奶油撥至蛋糕體外側。【圖 f】

09. 將抹刀以 **90 度直角**的方式拿取，並轉動平臺讓奶油能夠均勻覆蓋住蛋糕體側面（如果奶油不夠可再補充鮮奶油修補）。【圖 g】

10. 最後在表面上再次**畫十字**，並將四分之一的圓各別以**由外往內**的方式抹平。【圖 h】

原味戚風蛋糕

橫跨將近一個世紀的蛋糕,為什麼會以戚風蛋糕做為開端?

戚風蛋糕,是每逢佳節一定會出現的商品,每一顆蛋糕代表著親情、友情與愛情的回憶故事,相信很多事情會忘記,但你一定記得每一次所收到蛋糕時的感動。在以前,能吃到生日蛋糕是一件很奢侈的事情,不是家家戶戶都買得起蛋糕;時至今日,蛋糕已是很大眾的商品,這份感動,也因為逐漸地西化而慢慢消逝。

戚風蛋糕是最簡單也是最困難的蛋糕,像新生兒一般需要細心地呵護,才能造就一個完美的蛋糕體,細節與製作都非常關鍵,要説世界上最會做這類蛋糕的國家,我想應該只有臺灣才能將它發揮地淋漓盡致。

每到節慶,生日蛋糕就會成為一場體力的消耗戰,連續好幾天從早上八點做到清晨三點是常有的事情,這些過程記憶依然清晰,但與現在流行的法式甜點相比,我對於這個蛋糕有著更深的喜愛,這也是老一輩傳承下來的感動。

記得小時候很怕蛋糕外面的鮮奶油,媽媽總會説她特別喜歡吃,説著就把奶油撥掉並把蛋糕給了我,長大後才知道原來媽媽不是喜歡鮮奶油,而是怕浪費所以才把蛋糕留給我們,不過即使是單純的蛋糕體我們也可以吃得很開心,喜歡的原因在於它不譁眾取寵,靠的就是「純粹」。

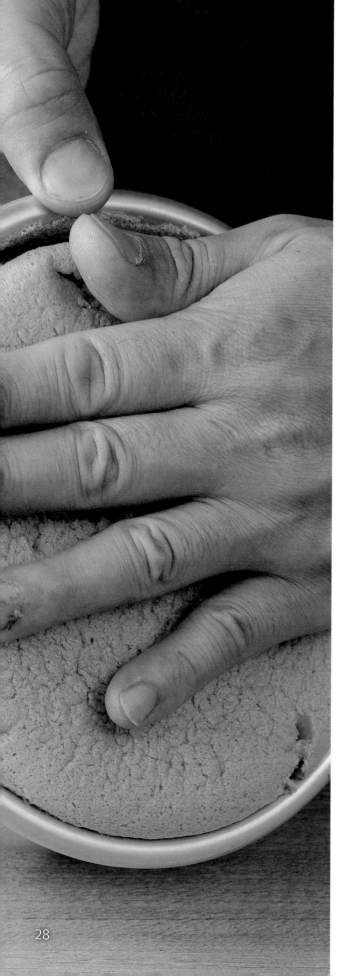

原味戚風蛋糕

材料

材料	重量
蛋白	300 g
細砂糖	150 g
橘子汁 or 牛奶	100 g
玄米油	100 g
玉米粉	25 g
低筋麵粉	113 g
蛋黃	167 g
香草精	適量
檸檬汁	3 g

作法提示

份量：3 個
尺寸：152×147×69mm
六吋活動圓模：SN5022

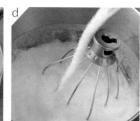

作法

01. 將玄米油和牛奶攪拌均勻。【圖 a】

02. 加入過篩後的低筋麵粉與玉米粉稍微拌勻。【圖 b】

03. 接著加入蛋黃攪拌均勻。【圖 c】

04. 將蛋白與檸檬汁高速打發，起泡後加入細砂糖。【圖 d】

05. 用中速打發至**乾性發泡（約 8~9 分發）**，蛋白勾起呈現**鳥嘴狀**即可。【圖 e】

06. 先取三分之一的蛋白加入作法 03 拌勻，再將拌好的麵糊倒回鋼盆中，與剩餘的蛋白混和均勻。【圖 f~g】

07. 將麵糊倒入模具中（麵糊重約 280g ／個），入爐前輕震出大氣泡。【圖 h】

08. 第一階段上火 190℃、下火 130℃，時間 15 分鐘，表面著色後掉頭、拉氣門。【圖 i】

09. 第二階段上火 160℃、下火 130℃，時間 20 分鐘。【圖 j】

10. 第三階段上火 160℃、下火 150℃，時間約 10~15 分鐘。

11. 表面觸摸有彈性，可用竹籤插入蛋糕體正中間判斷，不沾黏即可出爐。【圖 k】

12. 出爐輕敲一下，馬上倒扣於蛋糕叉或倒扣出爐網架。

13. 冷卻後脫模即可。【圖 l】

巧克力戚風蛋糕

綜合麵糊類與乳沫類蛋糕麵糊，戚風蛋糕的理想比重通常落在 0.38 ～ 0.42 左右，早期蛋糕配方通常都是加奶油的海綿蛋糕，創始者利用了液體植物油取代了傳統烘焙裡用的固體油脂奶油，創造出如雪紡紗一樣輕盈柔軟的口感，即為戚風蛋糕命名的由來。

戚風蛋糕的最大特色是口感蓬鬆柔軟，作法採用「分蛋打發技巧」，讓組織充分包覆空氣，且以植物油取代奶油，空氣也較容易包覆，使蛋糕體細緻柔軟。

製作小技巧 TIPS

▲烤焙時所選用的烤模均不需抹油。

▲冰蛋白在打發時會抑制蛋白的起泡，更容易產生細緻穩定的蛋白霜。

▲砂糖能使蛋白霜表面張力變大，使打發的氣泡更細緻穩定；減糖會造成支撐氣泡的結構不穩定，麵糊拌合後就會顯得麵糊狀態粗糙、且易消泡。

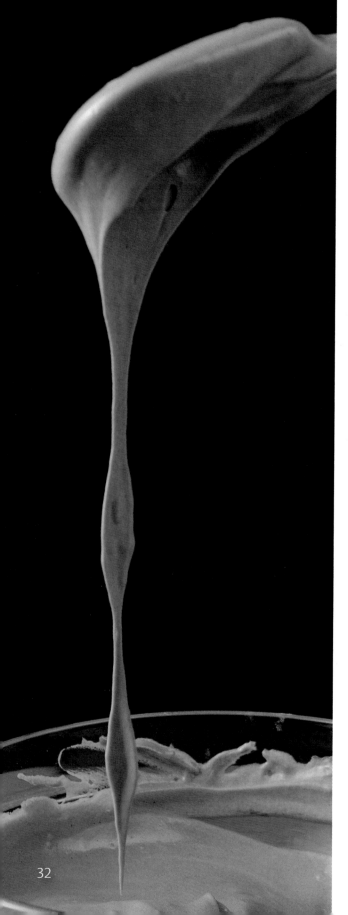

a

b

c

d

e

f

g

h

i

j

巧克力戚風蛋糕

材料

熱水	60	g
玄米油	80	g
可可粉	15	g
低筋麵粉	60	g
小蘇打	適量	
蛋黃	100	g
蛋白	180	g
細砂糖	90	g

作法提示

份量：2 個
尺寸：152×147×69mm
六吋活動圓模：SN5022

作法

01. 先將低筋麵粉過篩。【圖 a】

02. 將熱水沖入可可粉與小蘇打拌勻後，加入玄米油攪拌均勻。【圖 b】

03. 加入過篩後的低筋麵粉攪拌均勻。【圖 c】

04. 加入蛋黃攪拌均勻即可。【圖 d】

05. 將蛋白高速打發，起泡後加入細砂糖。【圖 e】

06. 用中速打發至**乾性發泡（約 8~9 分發）**，蛋白勾起呈現**鳥嘴狀**即可。【圖 f】

07. 先取三分之一的蛋白與作法 04 拌勻，再將剩餘蛋白與麵糊攪拌均勻。【圖 g】

08. 將麵糊倒入模具中（麵糊重約 270g ／個），入爐前輕震出大氣泡。【圖 h】

09. 第一階段上火 190℃、下火 130℃，時間 15 分鐘，表面著色後掉頭、拉氣門。

10. 第二階段上火 160℃、下火 130℃，時間 20 分鐘。

11. 第三階段上火 160℃、下火 150℃，時間 10~15 分鐘。

12. 表面觸摸有彈性，可用竹籤插入蛋糕體正中間判斷，不沾黏即可出爐。【圖 i】

13. 出爐輕敲一下，馬上倒扣於蛋糕叉或倒扣出爐網架。

14. 冷卻後脫模即可。【圖 j】

TIPS 小技巧

01. 加入蘇打粉主要是為了酸鹼中和。由於配方有可可粉可增加可可粉的色澤。

Part-1 戚風蛋糕

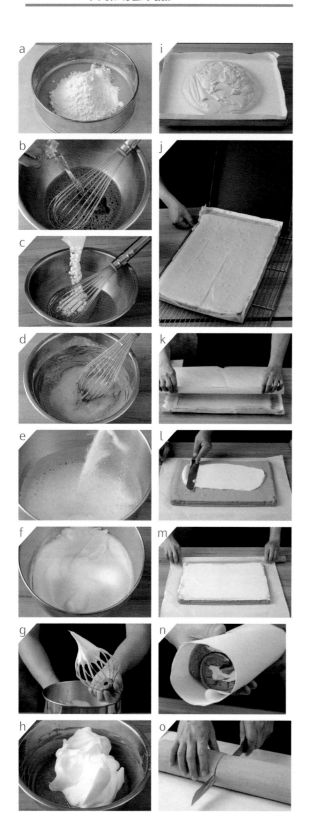

抹茶戚風蛋糕捲

材料

蛋白	250 g
細砂糖	133 g
熱水	103 g
玄米油	111 g
抹茶粉	8 g
低筋麵粉	126 g
蛋黃	147 g

作法提示

尺寸：395×325×35mm

不沾深烤盤：SN1118

作法

01. 先將低筋麵粉過篩。【圖 a】

02. 將熱水沖入抹茶粉拌勻後，加入玄米油攪拌均勻。【圖 b】

03. 加入過篩後的低筋麵粉攪拌均勻。【圖 c】

04. 加入蛋黃攪拌均勻。【圖 d】

05. 將蛋白高速打發，起泡後加入一半細砂糖。【圖 e】

06. 打發至**濕性發泡**後，加入另一半細砂糖。【圖 f】

07. 用中速打發至**乾性發泡（約 8~9 分發）**，蛋白勾起呈現**鳥嘴狀**即可。【圖 g】

08. 取三分之一的蛋白加入作法 04 拌勻，再將剩餘蛋白與麵糊攪拌均勻。【圖 h】

09. 將麵糊倒入模具中（麵糊重約 830g ／盤）。【圖 i】

10. 入爐前重敲一次，以上火 190℃、下火 120 ℃，約烤 10~15 分鐘讓表面上色。

11. 接著將上火調整至 160℃，拉氣門再烤約 10~15 分鐘。

12. 表面觸摸有彈性後即可出爐。【圖 j】

13. 出爐時重敲一次蛋糕，並將蛋糕移到出爐架避免回縮。

14. 用烘焙紙將蛋糕體上下包住翻面。【圖 k】

15. 在蛋糕底部抹上鮮奶油香緹（約 200g，參照 P.15 作法）。【圖 l】

16. 利用擀麵棍捲住烘焙紙，接著從蛋糕的三分之一處開始捲，捲完後將缺口朝下放置。【圖 m~n】

17. 將蛋糕切出需要的大小即可。【圖 o】

Part-1 戚風蛋糕

咖啡戚風蛋糕捲

材料

蛋白	255 g
細砂糖①	117 g
蛋黃	176 g
細砂糖②	32 g
熱水	102 g
低筋麵粉	149 g
玄米油	149 g
即溶咖啡粉	21 g

作法提示

尺寸：395×325×35mm
不沾深烤盤：SN1118

作法

01. 先將低筋麵粉過篩。【圖 a】

02. 將即溶咖啡粉和細砂糖①和勻，接著倒入熱水攪拌均勻。【圖 b】

03. 加入玄米油攪拌均勻。【圖 c】

04. 加入過篩後的低筋麵粉攪拌均勻。【圖 d】

05. 加入蛋黃攪拌均勻。【圖 e】

06. 將蛋白高速打發，起泡後加入一半細砂糖②。

07. 打發至**濕性發泡**後，加入另一半細砂糖②。【圖 f】

08. 用中速打發至**乾性發泡（約 8~9 分發）**，蛋白勾起呈現**鳥嘴狀**即可。

09. 取三分之一的蛋白加入作法 05 拌勻，再將剩餘蛋白與麵糊攪拌均勻。【圖 g】

10. 將麵糊倒入模具中（麵糊重約 830g ／盤）。【圖 h】

11. 入爐前重敲一次，以上火 190℃、下火 120 ℃，約烤 10~15 分鐘讓表面上色。

12. 接著將上火調整至 160℃，拉氣門再烤約 10~15 分鐘。

13. 表面觸摸有彈性即可出爐。

14. 出爐時重敲一次蛋糕，並將蛋糕移到出爐架避免回縮。

15. 用烘焙紙將蛋糕體上下包住翻面。

16. 在蛋糕底部抹上咖啡香緹（約 230g，參照 P.14 作法）。【圖 i】

17. 利用擀麵棍捲住烘焙紙，接著從蛋糕的三分之一處開始捲，捲完後將缺口朝下放置。【圖 j~k】

18. 將蛋糕切出需要的大小即可。【圖 l】

日式伯爵戚風蛋糕

故事介紹

這是我第一次接觸到用中空蛋糕模型製作蛋糕，此模型最初是從日本開始流行，風靡了全日本後也跟著來到臺灣，深受使用者的喜愛，它的迷人之處在於造型獨特、簡約，不需過多裝飾就是一個很純粹的蛋糕。這個模具在烘烤時相較於圓形蛋糕會較快烤熟，而且底部也不容易有凹陷，大幅降低失敗的機率，我想這也是為什麼中空模型深受大家喜愛的原因之一吧！

因為工作的關係，每次製作這款蛋糕一口氣就是要製作出三十幾個份量，現在想起來真是一大挑戰，但是完成之後的成就感卻又讓人無比開心，這份難以言喻的心情也是我與中空蛋糕之間的默契，無法取代的連結。

書中的伯爵戚風蛋糕所使用到的材料：伯爵茶，是一個很能表現出其風格及味道的茶葉，如果讀者勇於嘗試，也可以試著使用不同的茶種來製作，透過探索創造出屬於自己的絕佳風味。

日式伯爵戚風蛋糕

材料

蛋黃	68	g
細砂糖	102	g
玄米油	68	g
低筋麵粉	93	g
泡打粉	1.5	g
伯爵紅茶粉	7.5	g
牛奶	85	g
鹽	1.5	g
蛋白	203	g

作法提示

份量：2 個
尺寸：170×78mm
六吋中空戚風蛋糕模

作法

01. 先將低筋麵粉、泡打粉與伯爵紅茶粉混合過篩。【圖 a】

02. 將玄米油與牛奶攪拌均勻。【圖 b】

03. 加入過篩後的作法 01，攪拌至沒有粉粒即可。【圖 c】

04. 加入蛋黃攪拌均勻。【圖 d】

05. 將蛋白和鹽一起高速打發，起泡後加入一半的細砂糖。【圖 e】

06. 打至濕性發泡後，加入另一半的細砂糖。【圖 f】

07. 用中速打發至**乾性發泡（約 8~9 分發）**，蛋白勾起呈現**鳥嘴狀**即可。【圖 g】

08. 先取三分之一蛋白與作法 04 拌勻，再將剩餘蛋白與麵糊攪拌均勻。【圖 h】

09. 將麵糊倒入模具中（麵糊重約 300g ／個），入爐前輕震出大氣泡。【圖 i】

10. 烘烤溫度：上火 180 ℃、下火 160 ℃，約烤 10~15 分鐘讓表面上色。【圖 j】

11. 接著將上火調整至 160 ℃，再烤約 10~15 分鐘。【圖 k】

12. 表面觸摸有彈性，可用竹籤插入蛋糕體正中間判斷，不沾黏即可出爐。

13. 出爐後輕敲一下，馬上倒扣。

14. 冷卻後脫模即可。【圖 l】

TIPS 小技巧

01. 由於使用的是中空模型所以填入烤模裡，可使用拋棄式擠花袋，並將缺口剪大一點，避免擠入時消泡。

02. 出爐時蛋糕需重敲並且倒扣，避免回縮。

03. 加入小蘇打是為了增加顏色，若不加入也可捨棄。

04. 若是使用伯爵茶葉包而非茶粉，可將牛奶煮滾再沖入茶葉，此舉可以增加香氣。

Part-2
乳沫蛋糕

海綿蛋糕介紹

在西方國家，乳沫蛋糕又可以稱為「泡沫蛋糕」與「清蛋糕」，原因在於當乳沫蛋糕拌入充分的空氣後，會呈現出蓬鬆柔軟的感覺，像泡沫一樣細緻滑嫩，且油脂在配方中的占比成分不高，口味清新爽口，因此才有這些別名。

而乳沫蛋糕又可以分為兩種作法：「全蛋式」以及「分蛋式」。「全蛋式」是先將全蛋隔水加熱後加入砂糖打發，過程中需要不停攪拌維持平均溫度，透過這個步驟將空氣打入蛋液，使蛋糕體積可以膨脹約 3~4 倍，最後再加入麵粉及液態材料混合，有的配方則再多加蛋黃來增加蛋糕的香味與柔軟度；「分蛋式」則是將蛋白還有蛋黃分別打發，由於兩者皆有打發，將打發後的蛋白與蛋黃混合過後，蛋糕體也會較為濕潤。

乳沫蛋糕麵糊發度辨別

作法

1. 第一階段：麵糊顏色呈現鵝黃色，麵糊為液體狀。
2. 第二階段：麵糊顏色呈現淡黃色，麵糊狀態稍微蓬鬆。
3. 第三階段：麵糊顏色呈現微泛白，攪打過程中略有紋路。
4. 第四階段：麵糊顏色泛白，攪打過程紋路明顯，麵糊拉起時維持三秒不滴落、可**畫8字型**。

作法提示

a. 未達第四階段狀態：麵糊拉起時流動快速，無法維持 3 秒不滴落。

古早味牛粒

牛粒，也可以稱之為臺灣馬卡龍或小西點，小時候記憶中的麵包店幾乎每間都有販賣這個商品，直到在當學徒的時候才有機會接觸到它。在那個時候，每隔幾天就會製作一次，每次製作幾乎都是要擠到上千顆，尤其是夾餡的工程非常耗時，當時一包牛粒卻只是一顆馬卡龍的價錢，心中不免抱不平。但經典永流傳，我還是對於傳統點心有一份懷念，畢竟傳統點心伴隨了每個人生命的過程與回憶，相比之下，現在流行的法式點心則似乎少了這份單純的情感。所以，我想臺灣有很多的傳統點心也是值得更加發揚光大的。

古早味牛粒

材料

蛋黃	100 g
蛋白	17 g
細砂糖	57 g
低筋麵粉	57 g
義式奶油餡	適量

作法提示

平口花嘴：SN7068

作法

01. 先將低筋麵粉過篩。【圖 a】

02. 將細砂糖、蛋白和蛋黃先隔水加熱至 43℃，並攪拌均勻，加熱過程中需不斷攪拌避免蛋液熟化。【圖 b】

03. 接著用高速打發至呈現鵝黃色，接著改成中速打發。

04. 打發至紋理明顯，可在麵糊上面畫 8 字型後，改成慢速打發約 2 分鐘，使氣泡變得更細緻。【圖 c】

05. 將過篩後的低筋麵粉倒入作法 04 中拌勻至沒有粉粒。【圖 d】

06. 將麵糊放入裝有平口花嘴的擠花袋中。【圖 e】

07. 花嘴以斜 45 度角的方式擠出麵糊，並均勻地撒上糖粉（需過篩）。【圖 f~g】

08. 烘烤溫度：上火 210℃、下火 0℃，烘烤時間約 8 分鐘。

09. 出爐後將牛粒移出烤盤，擠上義式奶油餡（參考 P.18 作法）。【圖 h】

TIPS 小技巧

01. 麵糊要達到濃稠狀，刻劃 W 約 3 秒下沈即可。

02. 不要撒防潮糖粉，因為不耐烤易融化。

03. 撒糖粉要注意均勻，若沒有覆蓋到糖粉則容易龜裂。

04. 烘焙時間不宜過長，由於體積較小容易烤過頭，反而會變得像餅乾。

05. 表面上色基本上就可以出爐了。

Part2 乳沫蛋糕

蜂蜜海綿蛋糕捲

材料

材料	重量
全蛋	300 g
蛋黃	56 g
細砂糖	146 g
蜂蜜	26 g
低筋麵粉	73 g
玉米粉	26 g
玄米油	64 g
牛奶	34 g
鹽	適量

作法提示

尺寸：395×325×35mm

不沾深烤盤：SN1118

海綿蛋糕捲的比重為0.32。

作法

01. 先將低筋麵粉與玉米粉混合過篩。【圖 a】

02. 將全蛋、蛋黃、細砂糖與蜂蜜一起隔水加熱至 43℃，加熱過程中需不斷攪拌避免蛋液熟化。【圖 b】

03. 接著用高速打發起泡，呈現泛白後改成中速打發。

04. 打發至紋理明顯，可在麵糊上面**畫 8 字型**後，改成慢速打發約 2 分鐘（使氣泡變得更細緻）。【圖 c】

05. 將作法 01 倒入作法 04 中用慢速拌勻。【圖 d】

06. 將玄米油和牛奶一起隔水加熱，且保溫維持於 60 ℃。【圖 e】

07. 將作法 06 全部倒入作法 05 中，拌至麵糊呈現**流動性**。【圖 f】

08. 將麵糊裝入模具中鋪勻、抹平，入爐前輕敲一下，震出大氣泡。【圖 g】

09. 烘烤溫度：上火 190℃、下火 150℃，約 12 分鐘表面著色後，掉頭約再烤 8 分鐘。【圖 h】

10. 表面觸摸有彈性即可出爐，出爐後重敲一下，將蛋糕移至出爐網架，待冷卻。【圖 i】

11. 用烘焙紙將蛋糕體上下包住翻面。【圖 j】

12. 在蛋糕底部抹上馬士卡邦香緹（約 220g，參照 P.16 作法）。【圖 k】

13. 利用擀麵棍捲住烘焙紙，接著從蛋糕的三分之一處開始捲，捲完後將缺口朝下放置。【圖 l~m】

14. 將蛋糕切出需要的大小即可。【圖 n】

TIPS 小技巧

01. 由於配方有蜂蜜容易使蛋糕上色。如果蛋糕些微著色，即可調降上火的溫度。

02. 如果不希望蛋糕的孔洞太大，則需要在最後多攪拌幾下。

03. 在作法 02 隔水加熱時，要注意不能超過 43℃，可適時離開火源攪拌。

青蔥海綿鹹蛋糕

就以往的經驗，吃蛋糕時總先入為主地認為味道會是甜的，直到隨著工作的轉換，接觸了新環境特有的商品時，才發覺原來蛋糕的口味也可以是鹹的。想當初在製作這個蛋糕時，總覺得撒上青蔥的蛋糕味道應該會很奇怪，還捲上肉鬆跟美乃滋，看起來「台味」十足，沒想到甜甜鹹鹹的滋味卻意外地合拍。

雖然每種蛋糕各有特色，我也曾經嘗試過使用「燙麵戚風」的蛋糕來製作，但我個人還是比較喜歡海綿蛋糕的口感。我在裡面加了起士粉多增加一些香氣，讀者也可以灑上些許粗粒黑胡椒提升蛋糕的風味，若不喜歡美乃滋的味道，也可以用義式奶油餡加上肉鬆來製作內餡。

青蔥海綿蛋糕捲

材料

全蛋	308	g
蛋黃	56	g
砂糖	140	g
低筋麵粉	124.5	g
無鹽奶油	70	g
玄米油	70	g
牛奶	31	g

內餡：		
美乃滋	100	g
豬肉脯①	23	g

表面：		
帕瑪森起士粉	6	g
新鮮蔥花	32	g
豬肉脯②	20	g

作法提示

尺寸：395×325×35mm
不沾深烤盤：SN1118
海綿蛋糕捲的麵糊比重為0.32。

作法

01. 先將低筋麵粉過篩。【圖 a】

02. 將全蛋、蛋黃和細砂糖一起隔水加熱至 43℃，加熱過程中需不斷攪拌避免蛋液熟化。【圖 b】

03. 接著用高速打發起泡，呈現泛白後改成中速打發。【圖 c】

04. 打發至紋理明顯，可在麵糊上面**畫 8 字型**後，改成慢速打發約 2 分鐘（使氣泡變得更細緻）。【圖 d】

05. 將過篩後的低筋麵粉倒入作法 04 中，用慢速拌勻。【圖 e】

06. 將玄米油、無鹽奶油和牛奶一起隔水加熱，且保溫維持在 60 ℃。【圖 f】

07. 先將作法 05 部分麵糊倒入作法 06 中，再將全部倒回至鋼盆裡攪拌，拌至麵糊光亮，呈現**流動性**。【圖 g】

08. 將麵糊裝入模具中，接著表面撒上新鮮蔥花、起士粉和豬肉脯②入爐烘烤。【圖 h】

09. 烘烤溫度：上火 180℃、下火 160℃，時間約 12 分鐘，表面著色後掉頭。

10. 再烤 8 分鐘觸摸表面有彈性即可出爐，出爐後重敲一下，將蛋糕移至出爐網架，待冷卻。【圖 i】

11. 用烘焙紙將蛋糕體上下包住翻面。【圖 j】

12. 在蛋糕底部抹上美乃滋與放上豬肉脯①。【圖 k】

13. 利用擀麵棍捲住烘焙紙，接著從蛋糕的三分之一處開始捲，捲完後將缺口朝下放置。【圖 l~m】

14. 將蛋糕裁切出需要的尺寸即可。【圖 n】

TIPS 小技巧

01. 撒上肉鬆烘烤時，溫度太高會容易焦掉，建議使用肉脯（肉鬆由於有加入豆粉容易烤焦）。

02. 起士粉的份量不宜太多，會造成捲蛋糕時容易龜裂。

03. 新鮮青蔥切完後水分要擦乾，或用電風扇稍微將表面吹乾。

04. 作法 02 在隔水加熱時要注意不能超過 43℃，可適時離開火源攪拌。

05. 美乃滋也可以用義式奶油餡代替。

檸檬天使蛋糕

故事介紹

本書的作法也是用中空模型來製作，蛋糕脫模後會抹上檸檬巧克力，並在外表沾附烤過的千層派。剛接觸到甜點的人應該對天使蛋糕不陌生，畢竟這是初學者在製作甜點時一定會接觸到的商品，因為天使蛋糕完全是用蛋白來製作，所以總是很擔心會把顏色烤深，導致表面不潔白，因此大家在製作時可以在烤盤內放一點水，用隔水加熱的方式避免成品上色太深。

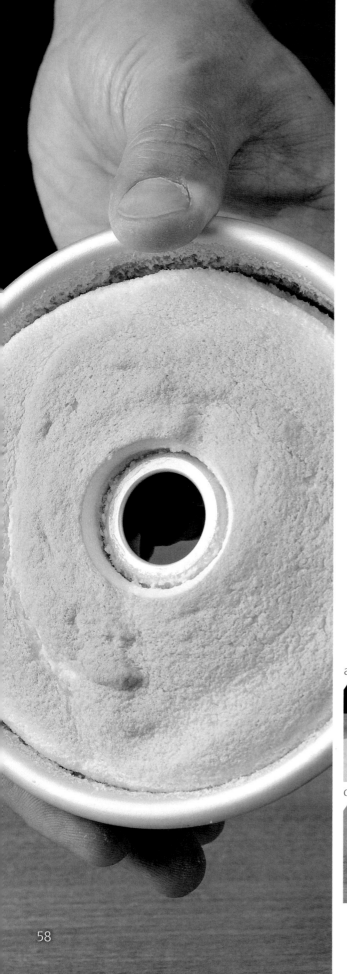

檸檬天使蛋糕

材料

材料	
蛋白	219 g
砂糖	132
玉米粉	8.1
玄米油	49.5
水	49.5
橘子汁	49.5
檸檬汁	適量
低筋麵粉	99
泡打粉	3
香草莢醬	適量

備註

蛋白：冰蛋白（7℃以下）

作法提示

份量：3 個
空心圓模：SN6832

作法

01. 先將泡打粉和低筋麵粉混合過篩。【圖 a】

02. 將蛋白與檸檬汁放入鋼盆中。【圖 b】

03. 將細砂糖和玉米粉攪拌均勻。【圖 c】

04. 將水、橘子汁、玄米油與香草莢醬混合均勻。【圖 d】

05. 將作法 02 打發至起泡,接著加入一半的細砂糖,用中速打發。【圖 e】

06. 打至**濕性發泡**後加入另外一半的細砂糖,用中速打發至呈現**鳥嘴狀**。【圖 f~g】

07. 先取出三分之一的蛋白加入作法 01 中攪拌均勻,接著再把所有蛋白加入拌勻。【圖 h】

08. 將麵糊裝入模具中(麵糊重約 170g /個),之後需輕敲幾下使麵糊均勻沉底。【圖 i】

09. 烘烤溫度:上火 190℃、下火 120℃,烤約 8 分鐘,表面上色後掉頭再繼續烤,約 6-8 分鐘(總時間約 16 分鐘)。【圖 j】

10. 出爐後輕敲並倒扣,冷卻後脫模即可。【圖 k~l】

TIPS 小技巧

01. 此蛋糕為純蛋白打發蛋糕,如果溫度太高,會導致底部有凹陷的狀態,所以要注意底部的溫度狀態。

02. 如果蛋糕已經膨脹並著色,觸摸時有彈性即可出爐。

03. 需使用冰的蛋白,如此做可以使蛋白保有彈性。

04. 口味可隨個人喜好做變化,例如:添加葡萄乾、蔓越莓或水蜜桃丁。

05. 天使蛋糕如果烘烤過度會開始收縮、體積變小,烘烤不夠也會導致出爐後的蛋糕掉落。

06. 蛋白的濕性狀態會引響蛋糕的口感與蛋糕的孔洞大小。

杏仁海綿杯子蛋糕

故事介紹

杯子蛋糕一直是小朋友的最愛，也是麵包店必備的人氣的商品。雞蛋與糖打發後製造出的蓬鬆口感，配上一杯黑咖啡就是一個簡易的下午茶甜點。這款蛋糕著重在雞蛋的打發程度，打得越發空氣含量也越多，相對組織也會較為膨大，所以麵糊完成後會需要再多做攪拌使其比重達到理想值。

對於比重而言，我個人的看法是因人而異，組織細緻不代表是最好的呈現方式，畢竟每個人的喜好不同，喜歡的口感也不見得相同，所以比重的測量可以多做調整，透過每一次的製作達到需要的精準度，相信你／妳也可以找尋到心目中的完美比重。

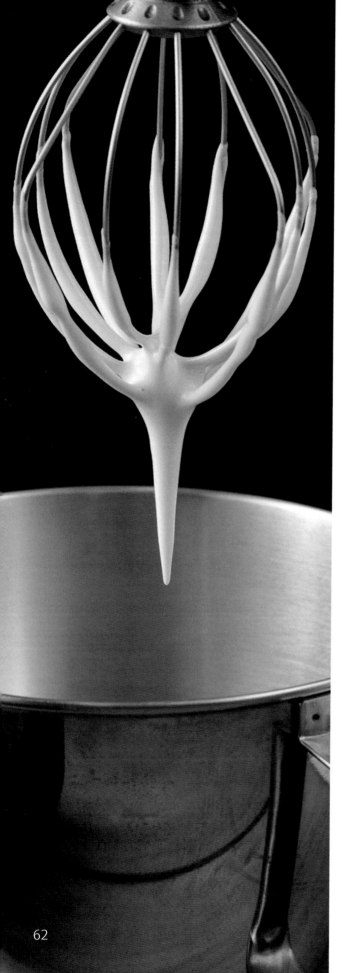

杏仁海綿杯子蛋糕

材料

蛋白	52	g
蛋黃	95	g
細砂糖	60	g
低筋麵粉	26	g
玉米粉	12	g
玄米油	20	g
無鹽奶油	20	g
鹽	適量	
杏仁片	適量	

作法提示

份量：6 杯
堅口杯：50×39mm

作法

01. 先將低筋麵粉與玉米粉混合過篩。【圖 a】

02. 將蛋白、蛋黃、細砂糖與鹽巴隔水加熱至 43℃，加熱過程中需不斷攪拌避免蛋液熟化。【圖 b】

03. 接著用高速打發起泡，呈現泛白後改成中速打發。

04. 打至紋理分明，可在麵糊上面畫 8，**且勾起麵糊約 3 秒不滴落**的狀態。【圖 c】

05. 將作法 01 倒入作法 04 中用慢速拌勻。【圖 d】

06. 將玄米油和無鹽奶油一起隔水加熱，需不斷維持在 60 ℃。【圖 e】

07. 將作法 06 全部倒入作法 05 中，拌至麵糊呈現**流動性**。【圖 f】

08. 將麵糊擠入紙杯中（麵糊重 40g ／杯），9 分滿，並在表面撒上杏仁片。【圖 g~h】

09. 放入烤箱，烘烤溫度：上火 190℃、下火 140℃，烘烤 12 分鐘。

10. 表面著色後，將上火調降至 170℃、下火 130℃，拉氣門，烘烤 7~10 分鐘。【圖 i】

11. 出爐輕敲一下，待冷卻即可。

TIPS 小技巧

01. 海綿蛋糕的雞蛋要先隔水加溫否則不易打發。

02. 最終加入的油脂務必要加熱，否則會消泡以及油脂沉澱。

03. 判斷蛋糕是否可以出爐，可用手輕拍表面，稍有彈性或用竹籤斜刺不沾黏即可。

Part-03
磅蛋糕

磅蛋糕介紹

「磅蛋糕」之所以會稱作磅蛋糕要提到其最原始的作法，最初的磅蛋糕是由等重的一份糖、一份奶油、一份雞蛋及一份麵粉所組合而成，都是一磅重，所以才會被稱作為「磅蛋糕」。奶油蛋糕是採用「糖油拌合法」來製作奶油麵糊，烘烤後內部會比較紮實，而且具有豐富的奶油風味及潤澤的口感，相關系列的商品非常的多，例如：水果條蛋糕。

製作的方式除了「糖油拌合法」以外，本書也有使用「分蛋方式」來製作，磅蛋糕相較於其它蛋糕種類保存時間較長，也是常溫蛋糕的一種，烘烤完蛋糕必須密封，放入脫氧劑才能延長保存時間，如果保存時間要拉長，可以用保鮮膜封好放到冷凍裡，這樣的保存方式約可保存一個月。

磅蛋糕奶油狀態辨別

作法

1. 第一種狀態：奶油原始樣貌。
2. 第二種狀態：奶油**略黃**，較為**濃稠**。
3. 第三種狀態：奶油**泛白**，較為**濕稠**。
4. 第一～三種狀態比較圖。

5. 蛋黃乳化不完全的狀態。
6. 蛋黃乳化完全的狀態，打發後較具光澤。
7. 蛋液加太快造成奶油與蛋液分離。

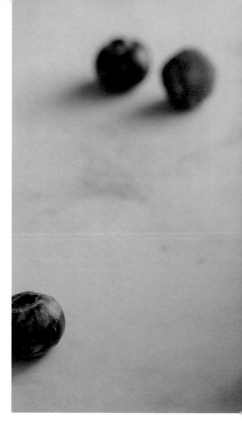

蔓越莓奶油磅蛋糕

材料

無鹽奶油	136	g
一般糖粉	68	g
蛋黃	68	g
杏仁粉	92	g
低筋麵粉	76	g
泡打粉	1.5	g
酒漬蔓越莓乾	90	g
蛋白	100	g
細砂糖	69	g

酒漬蔓越莓：

蔓越莓乾	70	g
蘭姆酒	20	g

作法提示

份量：2 條
尺寸：230×50×65mm
磅蛋糕模：SN2132

作法

01. 先在模具裡抹上一層膏狀奶油,接著灑上高筋麵粉,均勻沾滿模具內。【圖 a~b】

02. 將一般糖粉過篩,再與無鹽奶油一起打發至泛白。【圖 c】

03. 分 3~4 次加入蛋黃並攪拌均勻。【圖 d】

04. 將低筋麵粉與泡打粉過篩,再與杏仁粉一起加入至作法 03 拌勻。【圖 e】

05. 將泡過酒的蔓越莓乾切碎,加入作法 04 中拌勻,放一旁備用。【圖 f】

06. 將蛋白打發至起泡,再加入細砂糖並打發至 **7 分發(濕性偏乾性發泡)**。【圖 g】

07. 將蛋白分 3 次加入麵糊裡並攪拌均勻。【圖 h】

08. 將麵糊裝入模具中(麵糊重約 320g /條)。【圖 i】

09. 第一階段上火 180℃、下火 160℃,烘烤 20 分鐘。

10. 第二階段表面上色後,改 170℃、下火 160℃,拉氣門,再烘烤 10~15 分鐘。

11. 用竹籤插入中心點不沾黏,表面有彈性、不黏手即可出爐。

12. 出爐後立即脫模於出爐網架。【圖 j】

13. 冷卻後包裝。

TIPS 小技巧

01. 在作法 03 的蛋液要分次加入,以免蛋液與麵糊分離(乳化不完全)。

02. 若有分離的狀況,可以分次加入麵粉與蛋液補救。

03. 在作法 03 中,需確實攪拌到鋼盆底部的奶油。

香桔奶油磅蛋糕

故事介紹

這是我在業界製作的第一款磅蛋糕，還記得第一次吃到這個蛋糕時非常驚艷，蛋糕散發著淡淡橙酒糖液香氣，入口後與奶油、柑橘風味的蛋糕口感融合，再配上柑橘皮絲及橘子丁，豐富的滋味讓我印象特別深刻。而這次的磅蛋糕我並沒有刷上糖水，不僅能夠更加凸顯蛋糕的風味，也讓整體的甜度得以提升。

由於此蛋糕是使用糖油拌合，所以奶油的溫度十分重要，約以18℃的溫度來打發是最佳的狀態，當然也要考量到夏天與冬天的氣溫。通常大家會遇到的問題在加蛋時容易分離，這邊建議大家在加蛋時以「少量多次」的方式攪拌，使其乳化完全，千萬不能操之過急，否則太過冰冷的蛋液遇到冰冷的奶油也不好融合，冬天可以將雞蛋隔水回溫再操作；夏天時我則會使用冰過的雞蛋配合奶油的溫度，掌握好這些關鍵就可以製作出組織細緻的磅蛋糕囉！

香桔奶油磅蛋糕

材料

材料		
無鹽奶油	148	g
一般糖粉	138	g
全蛋	100	g
蛋黃	50	g
低筋麵粉	138	g
杏仁粉	58	g
泡打粉	2.5	g
橘皮絲	50	g
橘酒	20	g

備註

無鹽奶油：18℃的奶油

作法提示

份量：2 條
尺寸：230×50×65mm
磅蛋糕模：SN2132

a

b

Part-3 磅蛋糕

作法
01. 先在模具裡抹上一層膏狀奶油，接著灑上高筋麵粉，均勻沾滿模具內。（參照 P.68 頁的作法 01）
02. 將無鹽奶油和過篩後的糖粉打發到泛白。【圖 a】
03. 分 3~4 次加入全蛋和蛋黃。【圖 b】
04. 接著加入過篩後的低筋麵粉、泡打粉與杏仁粉。【圖 c】
05. 再加入橘皮絲、橘酒攪拌均勻。【圖 d】
06. 將麵糊裝入模具中（麵糊重約 330g／條）。【圖 e】
07. 第一階段：上火 180℃、下火 170℃，烤焙約 20 分鐘，表面著色後拉氣門。
08. 第二階段：上火改 160℃、下火 170℃，烤焙約 10~15 分鐘。
09. 用竹籤插入中心點不沾黏，表面有彈性、不黏手即可出爐。
10. 出爐後立即脫模於出爐架。【圖 f】
11. 冷卻後包裝。

TIPS 小技巧
01. 在作法 03 的蛋液要分次加入，以免蛋液與麵糊分離（乳化不完全）。
02. 若有分離的狀況，可以分次加入麵粉與蛋液補救。
03. 在作法 03 中，需時常攪拌鋼盆底部的奶油。

杏桃奶油磅蛋糕

這是我還在高雄餐旅學院就學時，在實習的飯店所學習到的甜點，當然我也做了一些改良：原本的配方是用杏桃罐頭，但考量到要常溫放置，所以我改成使用杏桃乾，這邊使用的是有機杏桃，大家也可以選擇自己喜歡的果乾來製作。

這款蛋糕是用「分蛋法」來製作的，磅蛋糕將蛋白打發拌勻後更能增添濕潤度，如果不用泡打粉也還能保有蛋糕膨脹感，使用「分蛋法」的磅蛋糕優點在於麵糊只加入蛋黃，蛋黃是一個很好的天然乳化劑，與奶油結合不易分離，操作上比較不需要太過擔心分離問題，但在拌合蛋白時則要注意麵糊軟硬度，所以蛋白的發度需要配合麵糊的軟硬度做調整，大家不妨可以試試看使用「分蛋法」所製作的這款磅蛋糕喔！

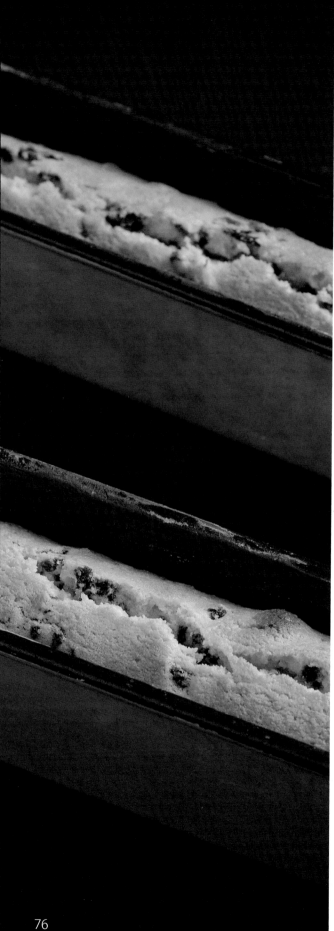

杏桃奶油磅蛋糕

材料

無鹽奶油	126 g
杏仁粉	156 g
一般糖粉	98 g
蜂蜜	15 g
蛋黃	48 g
全蛋	38 g
低筋麵粉	32 g
高筋麵粉	32 g
蛋白	72 g
細砂糖	28 g
杏桃乾	116 g

作法提示

份量：2 條
尺寸：230×50×65mm
磅蛋糕模：SN2132

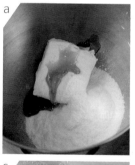

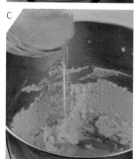

Part-3 磅蛋糕

作法

01. 先在模具裡抹上一層膏狀奶油，接著灑上高筋麵粉，均勻沾滿模具內。（參照 P.68 頁的作法 01）

02. 先將一般糖粉過篩，加入無鹽奶油與蜂蜜打至均勻。【圖 a】

03. 接著加入杏仁粉打發至泛白。【圖 b】

04. 蛋黃與全蛋分 3~4 次加入並攪拌均勻。【圖 c】

05. 將低筋麵粉與高筋麵粉混和過篩，加入至作法 04 中。【圖 d】

06. 再加入切碎的杏桃乾拌勻。【圖 e】

07. 將蛋白用高速打發，起泡後加入細砂糖，改用中速打發至 **7 分發（濕性偏乾性發泡）**。【圖 f~g】

08. 將蛋白分 3 次加入麵糊裡並攪拌均勻。【圖 h】

09. 將麵糊裝入模具中（麵糊重約 350g／條）。【圖 i】

10. 第一階段：上火 180℃、下火 170℃，約烤 20 分鐘讓表面上色。

11. 第二階段：上火改 170℃、下火 170℃，接著拉汽門，約烤 10~15 分鐘。

12. 竹籤插入中心點，拔出不沾黏、表面不濕黏、觸摸時有彈性即可出爐。【圖 j】

13. 出爐後立即脫模於出爐架。

14. 冷卻後包裝。

TIPS 小技巧

01. 在作法 04 的蛋液要分次加入，以免蛋液與麵糊分離（乳化不完全）。

02. 若有分離的狀況，可以分次加入麵粉與蛋液補救。

03. 在作法 04 中，需時常攪拌鋼盆底部的奶油。

百香果磅蛋糕

這是在一次西點講習會所學習到的甜點，在以前的工作場所任職時，如果有講習，我總是會興奮地詢問師傅能不能去參加，因為大部份的講習都是由外國技師與臺灣技師來做教學，直到後期，大部分的廠商才開始以日本或西方國家的技師為主，所以在進修的過程當中，看到臺灣跟國外技師互相分享、交流自身的相關經驗與學習理論，並切磋砥礪讓彼此的技術進步、增加見聞，對當時還很稚嫩的我來說，能利用休假時間去進修就是一件特別開心的事情。

這個甜點使用的配方是百香果泥與椰子粉，我希望能夠帶有一些熱帶水果元素，但讀者如果不喜歡百香果泥則可以替換其它果泥製作，椰子粉也可以用杏仁粉替代，烘焙的樂趣在於「變化性」，可以天馬行空做組合，但在變化的前提之下，更重要的是將基本功學得完整、紮實，才可以在之後的調整下更加精準。

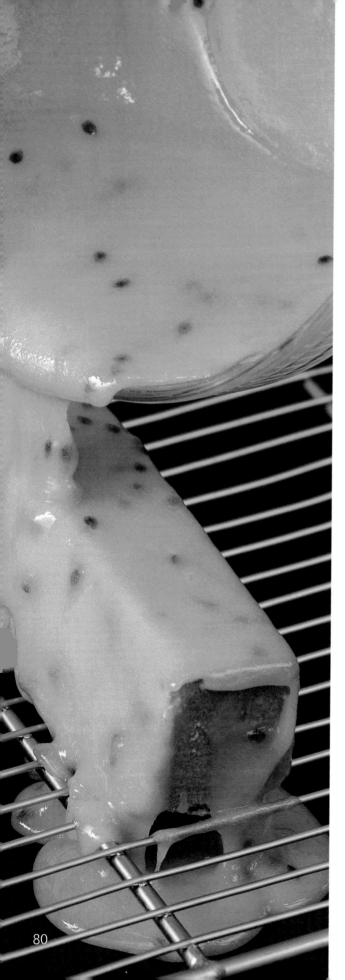

百香果磅蛋糕

材料

無鹽奶油	175 g
細砂糖	160 g
全蛋	175 g
杏仁粉	120 g
百香果泥	71 g
低筋麵粉	66 g
玉米粉	29 g
泡打粉	2.5 g

百香果糖霜：
一般糖粉	500 g
新鮮百香果汁	120 g
新鮮百香果籽	適量

作法提示

份量：2 條
尺寸：230×50×65mm
磅蛋糕模：SN2132

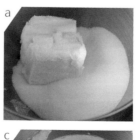

a

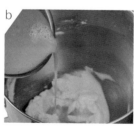

b

c

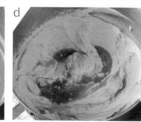

d

Part-3 磅蛋糕

作法

蛋糕體：

01. 先在模具裡抹上一層膏狀奶油，接著灑上高筋麵粉，均勻沾滿模具內。（參照 P.68 頁的作法 01）

02. 將無鹽奶油與細砂糖打發至泛白。【圖 a】

03. 分 3~4 次加入全蛋攪拌均勻。【圖 b】

04. 將低筋麵粉、玉米粉和泡打粉過篩，再與杏仁粉一起加入至作法 03 拌勻。【圖 c】

05. 加入百香果泥拌勻後，將麵糊裝入模具中（麵糊重約 350g ／條）。【圖 d~e】

06. 第一階段：上火 180℃、下火 150℃，約烤 20 分鐘表面上色。

07. 第二階段：上火改 160℃、下火 150℃，拉氣門，約烤 10~15 分鐘。【圖 f】

百香果糖霜：

01. 先將一般糖粉過篩，再將新鮮百香果汁與糖粉攪拌均勻。【圖 g~h】

組合：

01. 蛋糕出爐後，趁熱將糖霜淋在表面上。【圖 i】

02. 再入爐烘烤：上火 180℃、下火 0℃烘烤，約 3 分鐘。【圖 j】

TIPS 小技巧

01. 若不喜歡甜度太高，則不需用糖霜淋面。

02. 在作法 03 的蛋液要分次加入，以免蛋液與麵糊分離（乳化不完全）。

03. 若有分離的狀況，可以分次加入麵粉與蛋液補救。

04. 在作法 03 中，需時常攪拌鋼盆底部的奶油。

05. 製作糖霜時，可以依個人需求改變果泥的數量，藉此調整糖霜的流性。

巧克力核桃磅蛋糕

材料

無鹽奶油	162 g
調溫巧克力	98 g
蛋黃	162 g
細砂糖	130 g
低筋麵粉	39 g
核桃	98 g
可可粉	39 g
耐烤巧克力豆	適量

作法提示

份量：2 條
尺寸：230×50×65mm
磅蛋糕模：SN2132

作法

01. 先在模具裡抹上一層膏狀奶油，接著灑上高筋麵粉，均勻沾滿模具內。（參照 P.68 頁的作法 01）

02. 將無鹽奶油和細砂糖打發至呈現**絨毛狀**。【圖 a】

03. 分 3~4 次加入蛋黃（需保持常溫）。【圖 b】

04. 將巧克力隔水加熱至融化（約 43℃），並加入至作法 03。【圖 c~d】

05. 接著加入過篩後的低筋麵粉與可可粉，用慢速拌勻。【圖 e】

06. 再加入切碎烤過的核桃攪拌均勻。【圖 f】

07. 將麵糊裝入模具中（一條約 340g）。【圖 g】

08. 在表面灑上耐烤巧克力豆。【圖 h】

09. 第一階段：上火 180℃、下火 150℃，烘烤約 20 分鐘。

10. 第二階段：上火改 170℃、下火 150℃，約烤 15 分鐘。

11. 使用竹籤從中心點插入，不沾黏即可出爐。【圖 i】

12. 出爐後立即脫模。

13. 冷卻後包裝。

TIPS 小技巧

01. 蛋黃溫度一定要回常溫。

02. 奶油與蛋黃太冰，會導致加入巧克力時乳化不完全，甚至導致結粒。

03. 蛋糕類也可以加入酒漬櫻桃或耐烤巧克力豆，可依讀者喜歡的口味做搭配。

04. 在作法 03 的蛋液要分次加入，以免蛋液與麵糊分離（乳化不完全）。

05. 若有分離的狀況，可以分次加入麵粉與蛋液補救。

06. 在作法 03 中，需時常攪拌鋼盆底部的奶油。

Part-4
起士蛋糕

乳酪蛋糕介紹

起士蛋糕源自西元七百年前的古希臘時代。眾所週知,在古希臘最盛大的活動莫過於奧林匹克競賽了,當時為了提高參賽選手們的體力與士氣,便製作了這份甜點用來慰勞選手,直到後來才漸漸延伸、發展出更加多元的面貌。

常見的起士蛋糕有輕乳酪和重乳酪蛋糕,輕乳酪蛋糕由於加入打發過後的蛋白,所以在視覺表現上面看起來會較為膨鬆,蛋糕的組織細緻、口感綿密;而重乳酪蛋糕因為添加的乳酪成分較高,所以味道會有非常濃郁的乳酪香,吃起來口感紮實。這兩種乳酪區分的方式在於:以配方裡的乳酪含量 60% 為原則,如果高於 60% 為重乳酪蛋糕;反之,若低於 60% 則為輕乳酪蛋糕。

餅乾底製作方式 : 第一種配方

材料

餅乾粉	200 g
無鹽奶油	83 g
一般糖粉	15 g

作法

1. 先將無鹽奶油融化。
2. 將打碎的餅乾粉與一般糖粉攪拌均勻。
3. 將作法 1 加入攪拌均勻。
4. 慕斯圈底部鋪烤焙油紙,再倒入模具中壓平、壓緊(一個約 130g)。
5. 在慕斯圈中均勻地噴上烤盤油。

TIPS 小技巧

1. 餅乾底厚度沒有一定,依個人口味調整。
2. 烤盤油一定要均勻地噴在慕斯圈四周,以免蛋糕脫模時會卡住。

餅乾底製作方式：第二種配方

材料

餅乾粉	200 g
無鹽奶油	120 g
二砂糖	100 g
杏仁粉	50 g

作法

1. 先將無鹽奶油融化。
2. 將打碎的餅乾粉、二砂糖與杏仁粉攪拌均勻。
3. 將作法 1 加入攪拌均勻。
4. 慕斯圈底部鋪烤焙油紙，再倒入模具中壓平、壓緊（一個約 130g）。
5. 在慕斯圈中均勻地噴上烤盤油。
6. 放入烤箱，烘烤溫度：上火 160℃、下火 0℃，時間約 10 分鐘。

TIPS 小技巧

1. 餅乾底厚度沒有一定，依個人口味調整。
2. 烤盤油一定要均勻地噴在慕斯圈四周，以免蛋糕脫模時會卡住。

起士蛋糕 × 餅乾底—延伸組合

讀者可以依照自己的喜好與不同的餅乾底做搭配,並非特定的蛋糕就必須搭配特定的餅乾底,在製作過程中多一些變化、靈活的運用,是增添過程樂趣的調味劑。而一般來說,只有重乳酪蛋糕才會搭配餅乾底,輕乳酪則比較少搭配餅乾底。

第一種餅乾底 --------- 檸檬起士蛋糕

美式原味起士蛋糕

第二種餅乾底 --------- 紐約起士蛋糕

藍莓起士蛋糕

日式輕乳酪蛋糕

故事介紹

入口時有如雲朵一般綿密化口，同時散發淡淡乳酪香氣的乳酪蛋糕一直是我喜愛的點心之一。記得第一次吃到這道甜點時，是小時候媽媽買回來的，當時覺得怎麼會有風味如此獨特的蛋糕，轉眼間就被我一個人全部吃光，隔天大家還很疑惑蛋糕怎麼不見了，現在想起來也會不禁莞爾。

以前蛋糕店總會製作橢圓形的造型，一直也都是熱賣的商品，許多的商品回歸最初的本質，稍微做點變化就成了流行性商品，而有些產品不需華麗的外表與特別的炫技，卻是最能打動人心的產品。

製作小技巧TIPS

▲輕乳酪應該是本書中難度較高的產品，但記住幾個重點便會得心應手：
  1. 蛋白發度不宜過發，否則會失去該有的濕潤口感，使得組織粗大。
  2. 上火烤溫要高，表面在短時間著色時才不易龜裂。
  3. 著色膨脹後要降溫，但不是只把烤箱溫度調降，必須用悶烤方式烤熟。

Part-4 起士蛋糕

a

b

c

d

e

f

g

h

i

j

k

l

92

日式輕乳酪蛋糕

材料

蛋白	184 g
細砂糖	122 g
塔塔粉	1.5 g
乳酪	266 g
鮮奶	178 g
無鹽奶油	72 g
低筋麵粉	30 g
玉米粉	36 g
蛋黃	112 g

作法提示

份量：2 個
六吋固定模：SN5024

作法

01. 在模具底部先噴烤盤油，鋪上 6 吋烤焙油底紙後，在模具側邊刷上無鹽奶油。【圖 a~b】

02. 將蛋白及塔塔粉打發至起泡，並加入細砂糖攪拌至**濕性發泡（約 5~6 分發）**。【圖 c】

03. 將鮮奶、奶油與乳酪隔水加熱攪拌，攪拌至無顆粒的狀態，溫度約在 80℃左右。【圖 d】

04. 將低筋麵粉與玉米粉混合過篩。【圖 e】

05. 將作法 04 加入至作法 03 中攪拌均勻。【圖 f】

06. 加入室溫 25℃的蛋黃。【圖 g】

07. 取作法 02 裡三分之一的蛋白倒入作法 06 中拌勻，再倒回鋼盆中攪拌均勻。【圖 h】

08. 將麵糊倒入模具中（麵糊重約 350g ／個）。【圖 i】

09. 接著隔水入爐烘烤，溫度：上火 230℃、下火 130℃，約 10~15 分鐘著色。【圖 j】

10. 表面著色後，將上火調降至 130℃、下火 140℃，將氣閥打開，並用筷子或手套夾在烤箱，留一條縫洩壓，約烤 60 分鐘。

11. 觸摸表面有彈性，用竹籤插入中心，取出不沾黏麵糊即可。【圖 k】

12. 出爐後約 3 分鐘脫模。【圖 l】

TIPS 小技巧

01. 乳酪、鮮奶及奶油隔水加熱時，一定要確實的拌勻避免結粒。

02. 蛋白的發度很重要，勿將蛋白打發過度，會使起士蛋糕過度膨發，導致組織粗糙。

03. 每台烤箱溫度都不相同，若發現上色時間緩慢，表示上火太低需增加溫度，否則容易導致表面龜裂。

04. 底火溫度太高，也會導致輕乳酪蛋糕膨發龜裂，可將水替換成冰塊，減緩底部的溫度。

美式原味起士蛋糕

因為本身對乳酪情有獨鍾，所以在之前任職的店家就會開發很多乳酪商品，對我來說，原味一直都是經典，也最能品嚐到乳酪獨特的風味。還記得在就學期間的母親節蛋糕製作，自己負責的就是乳酪蛋糕，對於還是學生的我而言，一次製作上百個蛋糕讓學校販售是非常難得的經驗，但那時候也沒多想，就選擇了一個需要耗時的蛋糕做，當時忙到人仰馬翻的回憶如今也歷歷在目。

重乳酪主要著重烤溫，儘量不要讓乳酪過度膨脹，會導致組織不細緻、化口性不佳，書中的溫度是用中低溫烘烤，個人認為這樣烘烤方式最保險，如果有發生過度膨脹的現象，則在下次修正時降低溫度，就能改善問題，而市售乳酪非常多牌子，每個軟質乳酪各有千秋，讀者可以選擇自己所喜愛的風味來做調配。

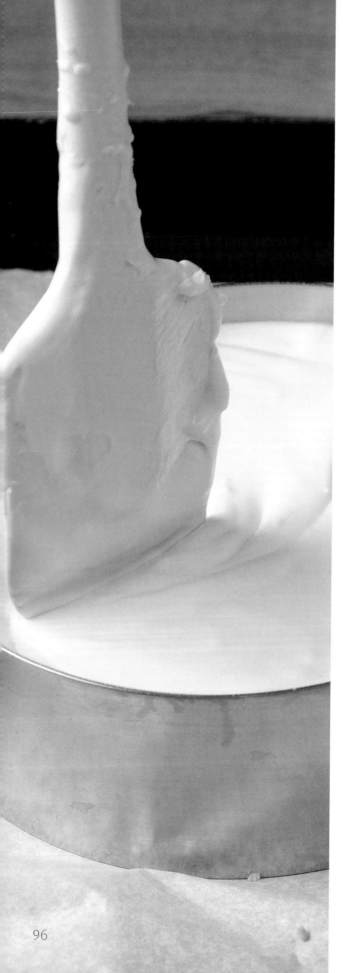

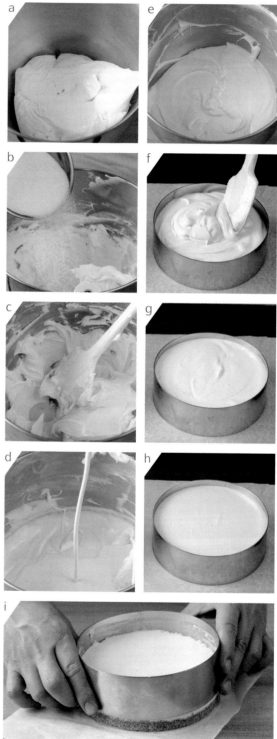

a

b

c

d

e

f

g

h

i

美式原味起士蛋糕

材料

乳酪	582 g
細砂糖	130 g
蛋白	102 g
酸奶	102 g
鮮奶油	218 g

作法提示

份量：2 個
六吋慕斯圈：SN3243

作法

01. 先將乳酪用**槳狀攪拌器**攪拌均勻。【圖 a】

02. 加入一半的細砂糖，用慢速拌勻後改成中速拌勻，拌勻後刮鋼。【圖 b】

03. 接著加入另一半的細砂糖用中速攪拌，並隨時刮鋼。

04. 分次加入蛋白用中速攪拌均勻（需隨時刮鋼）。【圖 c】

05. 加入酸奶後用慢速攪拌均勻。【圖 d】

06. 最後加入鮮奶油用慢速攪拌均勻。【圖 e】

07. 將麵糊倒入裝有餅乾底的模具中（麵糊重約 555g ／個）。【圖 f】

08. 接著隔水入爐烘烤，溫度：上火 160℃、下火 120℃，烘烤 25 分鐘。【圖 g】

09. 等待 25 分鐘後，將溫度改為：上火 150℃、下火 120 度，並拉氣門續烤約 20~25 分鐘。【圖 h】

10. 搖晃乳酪不晃動，觸摸表面略有 Q 彈的感覺即可出爐。【圖 i】

11. 冷卻後脫模即可。

TIPS 小技巧

01. 起士可在操作時提前放置烤箱上退冰。

02. 由於乳酪容易沉澱在底部邊緣，需隨時保持刮鋼避免產品產生結粒。

03. 每加完一樣材料都需刮鋼。

紐約起士蛋糕

故事介紹

起士種類繁多，本書中每一大類儘量用不同的作法來呈現，而這款起士蛋糕我把甜度降低了許多，並將酸奶的成份提高，並在上面搭配櫻桃餡，適合喜歡清淡口味的愛好者品嚐，讀者也可以使用其它風味的果醬做搭配。

這款起士主要是要讓表面著色，所以一開始上火的溫度會較高，而乳酪蛋糕上色與否也沒有絕對，差別在於視覺上的呈現；如果想要單純一點的蛋糕體那也不需要特別去著色，畢竟在職場或販售時有一定的要求與公司的愛好，如果只是個人閒暇時間製作，那隨心所欲即可，不需給自己太大壓力，畢竟「開心」才是在製作甜點時最重要的事情。

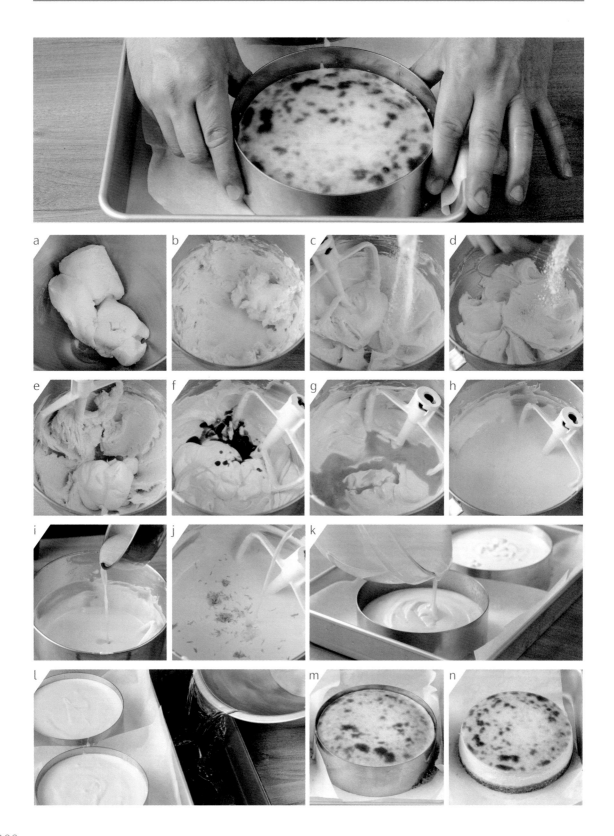

紐約起士蛋糕

材料

乳酪	280 g	檸檬汁、檸檬皮	12 g
細砂糖	92 g	鮮奶油	46 g
酸奶油	422 g	牛奶	46 g
高筋麵粉	56 g	無鹽奶油	36 g
全蛋	124 g		
香草莢醬	10 g		

作法提示

份量：2 個
六吋慕斯圈：SN3243

作法

01. 先將乳酪用**槳狀攪拌器**攪拌均勻。【圖 a】
02. 加入一半的細砂糖，先用慢速拌勻後，再改成中速攪拌，拌勻後刮鋼。【圖 b】
03. 接著加入另一半的細砂糖用中速攪拌，並隨時刮鋼。【圖 c】
04. 加入高筋麵粉，用中速攪拌均勻。【圖 d】
05. 分 3~4 次加入酸奶，用慢速攪拌均勻。【圖 e】
06. 加入香草莢醬，用慢速攪拌均勻。【圖 f】
07. 分 2~3 次加入全蛋，用慢速攪拌均勻。【圖 g】
08. 加入牛奶與鮮奶油，用慢速攪拌均勻。【圖 h】
09. 將無鹽奶油加熱至 60 ℃，倒入作法 08 中攪拌均勻。【圖 i】
10. 最後加入檸檬汁與檸檬皮拌勻。【圖 j】
11. 將麵糊倒入裝有餅乾底的模具中（麵糊重約 520g ／個）。【圖 k】
12. 接著隔水入爐烘烤，溫度：上火 230℃、下火 100℃，時間共 35 分鐘。【圖 l】
13. 蛋糕表面稍微著色，將上火調降為 180 ℃並拉氣門，用筷子或手套夾在烤箱，留一條縫洩壓。【圖 m】
14. 表面著色、觸摸有彈性後即可出爐。【圖 n】
15. 待冷卻脫模即可。

TIPS 小技巧

01. 攪拌乳酪時，要經常刮鋼避免結粒。
02. 加入細砂糖時，要避免一次性地加入，否則乳酪會容易產生結粒。
03. 加入雞蛋時需要少量多次，使其慢慢乳化並且保持中慢速，避免產生過多氣泡。
04. 加入奶油時的溫度掌控很重要，一定要確保是在溫熱的狀態下。烘烤時如果溫度下火太高，容易導致乳酪過度膨脹而回縮。

檸檬起士蛋糕

故事介紹

檸檬配起士再加上一些檸檬皮簡直是絕配,讀者也可以用葡萄柚或柳橙來製作,檸檬汁的份量可以依照自己喜好做增減,之前在製作乳酪蛋糕時,總習慣加些檸檬汁做調味,而相對的當檸檬添加越多,甜度也需略加提高。檸檬起士也是乳酪蛋糕裡面我特別鍾愛的一款,如果想要特別酸,可以搭配義大利糖霜再炙燒也是不錯的選擇。

檸檬起士蛋糕

材料

起士	412 g
細砂糖	164 g
全蛋	124 g
酸奶	232 g
檸檬汁	50　g
檸檬皮屑	一顆

作法提示

份量：2 個
六吋慕斯圈：SN3243

作法

01. 先將乳酪用**槳狀攪拌器**攪拌均勻。【圖 a】

02. 加入一半的細砂糖,先用慢速拌勻後,再改成中速攪拌,拌勻後刮鋼。【圖 b】

03. 接著加入另一半的細砂糖用中速攪拌,並隨時刮鋼。【圖 c】

04. 分 2~3 次加入全蛋用中速攪拌均勻。【圖 d】

05. 接著加入酸奶、檸檬皮屑與檸檬汁,用中速攪拌均勻後再改成慢速攪拌,去除多餘的氣泡。【圖 e】

06. 將麵糊倒入裝有餅乾底的模具中(麵糊重約 485g /個)。【圖 f】

07. 接著隔水入爐烘烤,溫度:上火 160℃、下火 120℃,烘烤 20 分鐘。【圖 g】

08. 等待 20 分鐘後,將上火改為 150℃、下火 120℃,將氣門拉開再烤約 15 分鐘。【圖 h】

09. 搖晃乳酪不晃動、觸摸中心點時有彈性即可出爐。【圖 i】

10. 冷卻後脫模即可。

TIPS 小技巧

01. 此起士不上色所以上火不宜太高。

02. 蛋白不打發,適合中低溫烘烤慢慢使內部凝結。

03. 烘烤起士類蛋糕底火都不宜太高,很容易造成起士產生龜裂。

04. 起士可以在操作前 2 個小時拿出來退冰。

05. 攪拌起士時需要不斷地刮鋼,以及將攪拌器上黏住的起士刮入鋼盆中,以免起士濃度不一致,容易結粒。

06. 隔水烘烤時,烤盤中的水需有 1 公分深的高度。

藍莓起士蛋糕

這個配方使用新鮮藍莓熬煮成果醬，接著再與起士混合而成，之前使用的是現成藍莓果醬，如果想要方便一點也可以選擇現成的市售果醬來製作，但如果想要外觀看起來一致，則需要將果醬盡可能地搗碎拌勻，讀者也可以在餅乾底擠上一層果醬增加風味。由於藍莓本身的味道較為清淡，大家可以試著跟黑醋栗、覆盆子做結合，創造出具有多元風味的口感。

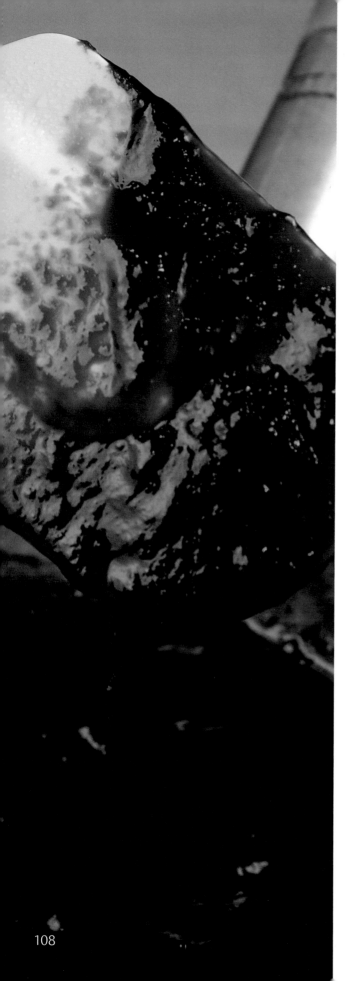

藍莓起士蛋糕

材料

乳酪	545	g
細砂糖	136	g
玉米粉	18	g
酸奶	64	g
全蛋	150	g
蛋黃	17	g
動物性鮮奶油	64	g
檸檬汁	9	g
藍莓果醬	50	g

藍莓果醬：

新鮮藍莓	100	g
細砂糖	40	g
檸檬汁	20	g

作法提示

份量：2 個
六吋慕斯圈：SN3243

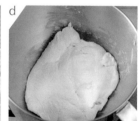

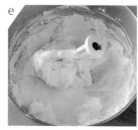

Part-4 起士蛋糕

作法

藍莓果醬：

01. 藍莓、細砂糖和檸檬汁以中小火熬煮至收乾水份即可。【圖 a~c】

蛋糕體：

01. 先將乳酪用**槳狀攪拌器**攪拌均勻。【圖 d】

02. 加入一半的細砂糖，先用慢速拌勻後，再改成中速攪拌，拌勻後刮鋼。【圖 e】

03. 接著加入另一半的細砂糖用中速攪拌，並隨時刮鋼。【圖 f】

04. 加入玉米粉拌勻用中速攪拌均勻。【圖 g】

05. 分 2~3 次加入全蛋和蛋黃用中速攪拌均勻。【圖 h】

06. 接著加入酸奶用慢速攪拌均勻。

07. 接著加入動物性鮮奶油用慢速攪拌均勻。

08. 最後加入檸檬汁與藍莓果醬拌勻。【圖 i】

09. 將麵糊倒入裝有餅乾底的模具中（麵糊重約 530g ／個）。【圖 j】

10. 接著隔水入爐烘烤，溫度：上火 160℃、下火 120℃，烘烤 25 分鐘。【圖 k】

11. 25 分鐘後，將上火改為 150℃、下火 120℃，並拉氣門續烤約 20~25 分鐘【圖 l】。

12. 搖晃乳酪不晃動、觸摸表面時略有 Q 彈的感覺即可出爐。【圖 m】

13. 待冷卻後脫模。

TIPS 小技巧

01. 起士可在操作時提前放置烤箱上退冰。

02. 由於乳酪容易沉澱在底部邊緣，需隨時保持刮鋼避免產生結粒。

03. 也可以使用其它水果製作成果醬加入，或直接用現成的果醬來製作。

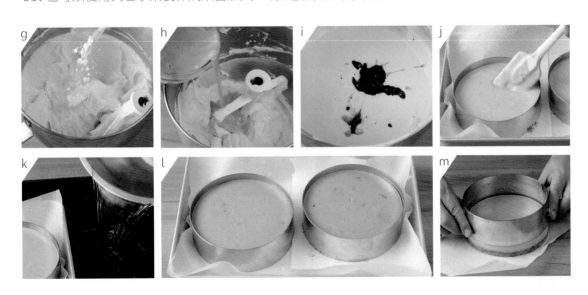

Part-5
常溫燒菓子

燒菓子介紹

日本充斥著濃厚的「伴手禮文化」，對不擅言詞的日本人而言，他們時常透過贈送伴手禮表達對於家人、朋友、同事、客戶的關心與照顧，其中「燒菓子」可以說是特別常見的伴手禮選擇。「燒菓子」意思為西式的常溫甜點，經過烘培之後，成品即使在常溫保存也不容易走味。常見的燒菓子有：瑪德蓮、磅蛋糕、費南雪等等。

商品經由包裝可保存七天以上，或不需要冷藏的蛋糕都可以稱做常溫蛋糕，通常會以重油跟重糖來維持保存的時間，但每個國家的溼度、溫度大不相同，所以在製作及保存時也必須把這些因素納入考量，才能大幅提升製作常溫蛋糕的成功率。

焦化奶油製作方式

材料

無鹽奶油

作法

1. 將無鹽奶油用中小火煮至約 180℃，過程中會經歷三次階段變化。【圖 a】
2. 第一階段—奶油**溶解**：【圖 b】
3. 第二階段—奶油**冒泡**：【圖 c】
4. 第三階段—奶油**變色**：【圖 d】
   110℃的顏色：【圖 e】
   120℃的起泡：【圖 f】
5. 當奶油呈現**焦黃色**，帶有**榛果香氣**時過篩取出即可。【圖 g~h】

巧克力富莉亞

這是我畢業後，工作環境從麵包店跨到飯店時，學到的第一個費南雪商品。曾有人問我：為什麼叫富莉亞而不叫費南雪？我想每個甜點都應該要有一個專屬的名字，第一次吃到這個甜點覺得非常特別，口感濕潤香氣十足，所以就選了富莉亞這個名字作為特別意義的象徵。

這個大類都是以費南雪為主，特點在於大量的杏仁粉與焦化奶油，光是一個費南雪就有非常多作法與版本，但基本素材是沒有太大的改變。溫度的控制是最關鍵的一個重點，由於最後會加入大量奶油，如果雞蛋溫度太低會導致不容易融合，製作出來的蛋糕吃起來會有明顯的油膩感，所以在攪拌過程中，溫度是需要特別注意的環節。

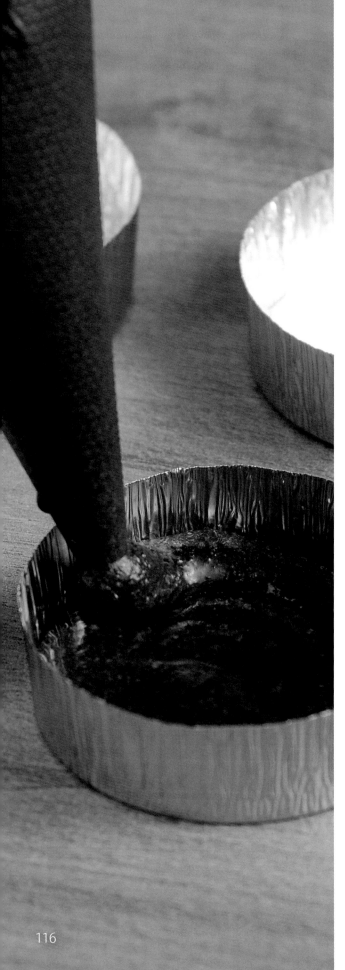

巧克力富莉亞

材料

材料	份量	
一般糖粉	70	g
杏仁粉	25	g
低筋麵粉	15	g
高筋麵粉	5	g
可可粉	10	g
泡打粉	1	g
蛋白	80	g
焦化奶油	22	g
耐烤巧克力豆	適量	
開心果碎粒	適量	

作法提示

份量：6 個
尺寸：直徑 6✕ 高度 1.8cm
圓鋁箔盤（金色）

作法

01. 先將蛋白隔水加溫至 40℃。【圖 a】

02. 將一般糖粉、低筋麵粉、高筋麵粉、可可粉與泡打粉全部混合過篩。【圖 b】

03. 將作法 02 加入作法 01 攪拌均勻。【圖 c】

04. 分次加入焦化奶油（約 60℃）攪拌均勻。【圖 d】

05. 蓋上保鮮膜放入冷藏至隔天。【圖 e】

06. 將麵糊擠入烤杯中（約 38g），並放上耐烤巧克力豆與開心果碎粒。【圖 f~g】

07. 第一階段：上火 180℃、下火 150℃，烤約 8 分鐘拉氣門。【圖 h】

08. 第二階段：表面著色後將上火改為 170℃、下火 150℃，烘烤約 7 分鐘。

09. 觸摸表面時有彈性即可出爐。【圖 i】

紅茶費南雪

這是我把學習到的費南雪做了一些口味變化，透過使用紅茶粉來製造香氣，並添加玉米粉來減弱筋性，將這一類的蛋糕放到隔天再吃，不論是口感還是香氣都會是最好的。讀者務必要記得將其妥善包裝，不適當的保存方式會影響口感，產生極大的差別。

大部分的常溫蛋糕都需要常溫密封保存，並放置陰涼乾燥處，避免讓產品長期暴露在室溫下，導致越來越乾燥，由於油脂含量高的蛋糕會有回油的現象，而讓蛋糕變得更加濕潤，所以喜歡這類蛋糕的人一定要用適當的保存方式，延長產品可享用的風味期限。

紅茶費南雪

材料

材料	重量	
蛋白	83	g
蜂蜜	11	g
杏仁粉	92	g
一般糖粉	93	g
玉米粉	16	g
紅茶粉	2.3	g
無鹽奶油	69	g

作法提示

份量：10 個

費南雪烤模 10 入 /1 盤：SN9028

作法

01. 先將奶油溶解（約 60℃），完成後放一旁備用。【圖 a】

02. 將蛋白隔水加溫至 40℃。【圖 b】

03. 將一般糖粉、杏仁粉、玉米粉與紅茶粉全部混合過篩。【圖 c】

04. 將蜂蜜與蛋白攪拌均勻，再將作法 03 加入拌勻。【圖 d】

05. 分次加入作法 01 並攪拌均勻。【圖 e】

06. 蓋上保鮮膜放入冷藏至隔天。【圖 f】

07. 先在模具上噴一層烤盤油，接著擠入麵糊。【圖 g】

08. 在麵糊上撒適量紅茶粉。【圖 h】

09. 第一階段：上火 180℃、下火 150℃，時間 15 分鐘。

10. 第二階段：表面著色後將上火改 170℃、下火 150℃烘烤約 8 分鐘。

11. 觸摸表面時有彈性即可出爐脫模。【圖 i】

g

h
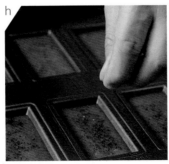

i

檸檬蜂蜜瑪德蓮

故事介紹

身為經典的法式小品，我想沒有人會不知道這個產品。以前在蛋糕店工作時，公司稱它叫做「檸檬炸彈蛋糕」，至於為什麼要用「炸彈」來形容這個蛋糕呢？因為那時並不流行貝殼模，有進貝殼模具的廠商賣的也不多，於是店家便習慣使用鋁箔來製作，做出來的成品中間會像小山丘一樣凸起，所以才以「炸彈」來命名這模樣特殊的蛋糕；一直到貝殼模開始有較多人使用後，每當烤出蛋糕中間凸起，有如小山丘一般時，大部分的人改以「肚臍」來稱呼它。

烤出蛋糕時中間有沒有「肚臍」因人而異，如果你是要追求中間隆起那就必須注意兩個重點：第一個是下火烤溫要高，才能讓麵糊往上膨脹；第二個是模具需要深一點，否則很淺的模具是非常難烤出肚臍的。由於麵糊量很少，要膨脹那麼高也不容易，掌握兩個重點就會得心應手。

檸檬蜂蜜瑪德蓮

材料

無鹽奶油	186 g
全蛋	204 g
細砂糖	148 g
蜂蜜	36 g
低筋麵粉	148 g
杏仁粉	36 g
泡打粉	2.5 g
香草夾醬	適量
檸檬皮	適量

作法提示

份量：約 25 個
瑪德蓮模具 1 盤 /25 入

作法

01. 先將奶油溶解（約 60℃），完成後放一旁備用。【圖 a】

02. 先將全蛋、細砂糖、蜂蜜與香草夾醬一起隔水加溫至約 40℃。【圖 b】

03. 將低筋麵粉、泡打粉過篩，並和杏仁粉一起加入作法 02 中攪拌均勻。【圖 c~d】

04. 將融化後的奶油分 2~3 次加入作法 03 中拌勻。【圖 e】

05. 加入檸檬皮攪拌均勻。【圖 f】

06. 蓋上保鮮膜放入冷藏至隔天。【圖 g】

07. 先在模具上噴一層烤盤油，接著擠入麵糊（約 27g）。【圖 h】

08. 第一階段：上火 210℃、下火 190℃，時間約 8~10 分鐘。【圖 i】

09. 若表面著色，需調降上火並拉氣門。【圖 j】

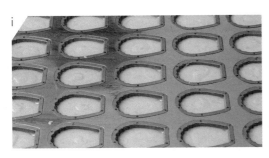

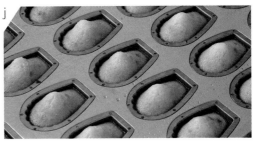

法式核桃菓子燒

這也是一款類似費南雪的商品，蛋糕種類繁多、方法各異，簡單的材料只要依序拌勻，且工具方面也只需要準備一個打蛋器與鋼盆便足夠了，因此這是我在工作時覺得做起來最有效率的產品，在製作時總是成就感十足，對我來說是一款幾乎不會失敗的甜點。

製作這個麵糊建議放置冷藏隔天使用，麵糊會比較穩定，核桃也可以嘗試添加其它堅果來代替，創造更加多元、豐富的風味。

Part-5 常溫燒菓子

法式核桃菓子燒

材料

材料		
細砂糖	78	g
全蛋	6	g
蛋白	51	g
蜂蜜	5	g
焦化奶油	71	g
低筋麵粉	41	g
杏仁粉	41	g
泡打粉	1	g
核桃	31	g

作法提示

份量：6 個

咕咕霍夫連模 6 入 / 盤

作法

01. 先將全蛋、蛋白、細砂糖、蜂蜜隔水加溫至 40℃。【圖 a】

02. 將低筋麵粉、泡打粉過篩，並和杏仁粉一起攪拌均勻。【圖 b】

03. 將作法 02 倒入作法 01 中攪拌。【圖 c】

04. 接著加入焦化奶油攪拌均勻。【圖 d】

05. 蓋上保鮮膜放入冷藏至隔天。【圖 e】

06. 從冷藏拿出，加入烘烤後的切碎核桃拌勻。【圖 f】

07. 先在模具上噴一層烤盤油，接著擠入麵糊（約 35g）。【圖 g~h】

08. 第一階段：上火 180℃、下火 150℃，時間 15 分鐘。【圖 i】

09. 第二階段：表面著色後將上火改 170℃、下火 150℃，時間約 10 分鐘。

10. 觸摸表面有彈性即可出爐脫模。【圖 j】

TIPS 小技巧

01. 核桃 160℃烤約 10 分鐘。

檸檬榛果小點

故事介紹

在閒暇的午後時光，品嚐著散發淡淡檸檬香氣與濕潤滑順的蛋糕，那淋上薄薄一層檸檬糖霜的外衣，讓咬下的每一口都像是置身在幅員遼闊的草原，外面的風徐徐吹來，輕鬆愜意的感受是我最喜歡的下午茶時光，也是我與這個甜點之間的連結。

這也是一款單純只使用蛋白來製作的蛋糕，在製作的過程當中加入熬煮過後的榛果奶油，替蛋糕增添了更加多元的香氣，佐以特製的檸檬糖霜，絕對是喜歡微酸口味的人不能錯過的完美甜點。

131

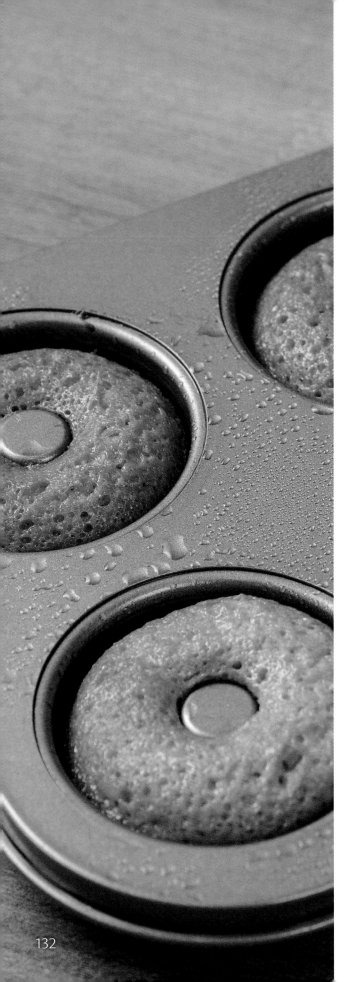

檸檬榛果小點

材料

一般糖粉	69	g
杏仁粉	25	g
蜂蜜	6	g
低粉	27	g
泡打粉	1	g
蛋白	63	g
焦化奶油	38	g
檸檬皮	半顆	

糖霜：
一般糖粉	250	g
檸檬汁	60	g

作法提示

份量：6 個
甜甜圈碳鋼不沾模 6 入 / 模

a
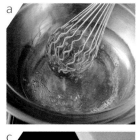
b
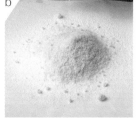

c

d

e
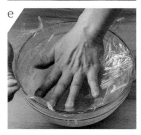
f

Part-5 常溫燒菓子

作法

麵糊：

01. 先將蛋白與蜂蜜隔水加溫至 40℃。【圖 a】

02. 將一般糖粉、低筋麵粉與泡打粉過篩，並和杏仁粉一起攪拌均勻。【圖 b】

03. 將作法 02 倒入作法 01 中攪拌均勻。【圖 c】

04. 接著加入焦化奶油攪拌均勻。【圖 d】

05. 蓋上保鮮膜放入冷藏至隔天。【圖 e】

06. 從冷藏拿出，加入檸檬皮攪拌均勻。【圖 f】

糖霜：

01. 將一般糖粉與檸檬汁混和均勻。【圖 g】

02. 蓋上保鮮膜放入冷藏至隔天。【圖 h】

組合：

01. 先在模具上噴一層烤盤油，接著擠入麵糊。【圖 i~j】

02. 烘烤溫度：上火 180℃、下火 160℃，時間約 20~25 分鐘。

03. 表面上色後，上火需調降並拉氣門，烤至整體上色均勻即可。【圖 k】

04. 在表面淋上糖霜後擺上裝飾。【圖 l】

Part-6
餅乾類

餅乾類介紹

餅乾的種類繁多，就本書的製作方法大致可以分為：

一、擠出成型

將糖油拌合，加入雞蛋和麵粉後即可直接擠在烤盤上入爐烘烤，並非所有餅乾的麵糊都可以依循這個步驟操作，且油脂與麵粉的使用量會影響餅乾烘烤、出爐後的形體狀態。

二、冰箱小西餅

之所以會稱呼為冰箱小西餅，是因為要將攪拌完麵糊放到容器內，整形後需要拿到冰箱，冷凍冰硬之後才能裁切，或將餅乾的麵糰放置於冷藏，等到稍微凝固後再取出整形放置冷凍。

三、蛋白類

將蛋白與麵粉和勻之後，需要加入奶油整形的種類有：南瓜子蛋白餅、杏仁瓦片。

餅乾是一款非常好操作也非常好保存的商品，同時也是佳節伴手禮或婚宴會客時常出現的贈品首選。一般來說，將製作好之後的餅乾包裝起來，並放入脫氧劑、乾燥劑封口做保存，都可以保存放置 20 天左右。

經典杏仁瓦片

我始終認為「經典永流傳」，經典杏仁瓦片這款商品是我從十幾年前剛畢業，到現在進入職場許久，依然不退流行的人氣點心。杏仁烘烤後的香氣，與酥脆的餅皮會讓人不自覺地一口接一口。

每次製作這個商品時，就像在跑馬拉松比賽一樣，耗時又耗力，以前在傳統麵包店是利用手指將杏仁片一個一個推開，並且厚度要掌控地剛剛好，否則在烘烤時會受熱不均勻，這也是杏仁瓦片最關鍵的地方。

隨著時間推移，越來越多人尋求更快且更工整的方式處理，工整固然很好看，但卻少一種手工的感覺，這份溫度的流失不免令人不勝唏噓。杏仁瓦片是少數幾種我在休假時會做起來分享給親友的產品，麵糊製作快速不需要特殊工具即可，簡單、好學的作法也是本書的初衷。

經典杏仁瓦片

材料

蛋白	100 g
一般糖粉	100 g
發酵奶油	14 g
低筋麵粉	17 g
玉米粉	17 g
杏仁片	154 g

作法提示

份量：約 17 片
直徑：80×80mm
慕斯圈：SN3218

作法

01. 將蛋白與過篩的糖粉，隔水加熱至 40℃，攪拌至糖溶解，融化拌勻的過程中**勿攪拌起泡或打發。**【圖 a】

02. 將低筋麵粉與玉米粉混合過篩。【圖 b】

03. 加入作法 01 中攪拌均勻。【圖 c】

04. 將發酵奶油隔水加熱融化至 60℃。【圖 d】

05. 將融化奶油加入作法 03 中攪拌均勻。【圖 e】

06. 加入杏仁片拌勻。【圖 f】

07. 完成後蓋上保鮮膜放置冷藏 3 個小時。【圖 g】

08. 將麵糊倒入模具中，一片約 18g。【圖 h】

09. 烘烤溫度：上火 150℃、下火 150℃，約 25~30 分鐘。【圖 i】

10. 烘烤至表面均勻著色即可。【圖 j】

南瓜子蛋白餅

材料

蛋白	62	g
細砂糖	72	g
低筋麵粉	41	g
南瓜子	185	g
動物性鮮奶油	12	g

作法提示

份量：約 17 片
直徑 :80×80mm
慕斯圈：SN3218

作法

01. 先將蛋白與細砂糖隔水加熱至 40℃，攪拌至糖溶解，融化拌勻的過程中**勿攪拌起泡或打發**。【圖 a】

02. 將低筋麵粉過篩。【圖 b】

03. 加入作法 01 中攪拌均勻。【圖 c】

04. 接著加入動物性鮮奶油攪拌均勻。【圖 d】

05. 再加入南瓜子攪拌均勻。【圖 e】

06. 完成後蓋上保鮮膜放置冷藏 2 個小時。【圖 f】

07. 將麵糊倒入模具中，一片約 18g。【圖 g】

08. 烘烤溫度：上火 150 ℃、下火 150 ℃，時間約 25~30 分鐘。【圖 h】

09. 烘烤至表面均勻著色即可。【圖 i】

Part-6 餅乾類

辣味乳酪餅

材料

發酵奶油	100	g
細砂糖	48	g
鹽	1.5	g
全蛋	24	g
低筋麵粉	138	g
辣椒粉	1	g
乳酪絲	78	g
乾燥蔥末	4	g
黑胡椒粒	2	g

作法提示

份量：約 40 片

作法

01. 先將發酵奶油、細砂糖和鹽用**槳狀攪拌器**打發至泛白。【圖 a】

02. 分 2 次加入全蛋攪拌均勻。【圖 b】

03. 將低筋麵粉過篩,再與辣椒粉和乾燥蔥末和勻。【圖 c】

04. 將作法 03 倒入作法 02 中攪拌均勻。【圖 d】

05. 加入乳酪絲攪拌均勻。【圖 e】

06. 將麵糰放入塑膠袋中整形、壓平,並冷藏約 1 個小時。【圖 f~g】

07. 在桌面撒上高筋麵粉後,將麵糰按壓、搓揉成**長條圓柱形**(直徑約 3 公分)。【圖 h】

08. 接著捲入烤焙紙,冰入冷凍至隔天裁切(厚度 0.7 公分)。【圖 i~j】

09. 烘烤溫度:上火 160℃、下火 130℃,約 25~30 分鐘。【圖 k】

10. 烘烤至整體著色均勻即可。【圖 l】

j

k

l

原味起士棒

材料

發酵奶油	100	g
一般糖粉	50	g
全蛋	28	g
低筋麵粉	140	g
泡打粉	0.5	g
帕碼森起士粉	28	g

作法提示

份量：約 34 隻
尺寸：5×105×10mm

作法

01. 先將發酵奶油和一般糖粉打發至泛白。【圖 a】

02. 分 2 次加入全蛋攪拌均勻。【圖 b】

03. 將低筋麵粉和泡打粉過篩。再加入帕馬森起士粉攪拌均勻。【圖 c~d】

04. 將作法 03 加入作法 02 中拌勻。【圖 e】

05. 將拌勻的麵糰放入塑膠袋中，整形成為厚 0.5 公分並放入冷凍。【圖 f~g】

06. 拿出冷凍後切掉不整齊的邊緣。【圖 h】

07. 將麵團裁切至所需要的大小。【圖 i】

08. 放入烤盤後撒上少許起士粉。【圖 j】

09. 烘烤溫度：上火 160℃、下火 130℃，約 20~25 分鐘。【圖 k】

10. 烘烤至整體著色均勻即可。【圖 l】

奶酥餅乾

材料

發酵奶油	100	g
一般糖粉	48	g
鮮奶	9	g
低筋麵粉	132	g
杏仁粉	32	g
杏仁角	70	g

作法提示

份量：約 45 片
尺寸：厚度 7mm
　　　直徑約 30mm

作法

01. 先將一般糖粉過篩。【圖 a】

02. 將發酵奶油與糖粉一起打發至泛白。【圖 b】

03. 加入鮮奶攪拌均勻。【圖 c】

04. 將低筋麵粉過篩,與杏仁粉混和均勻。【圖 d】

05. 將作法 04 加入作法 03 中拌勻,再加入杏仁角拌勻。【圖 e】

06. 將麵糰放入塑膠袋中整形、壓平,並冷藏約 1 個小時。【圖 f~g】

07. 在桌面撒上高筋麵粉後,將麵糰按壓、搓揉成**長條圓柱形**(直徑約 3 公分)。【圖 h】

08. 接著捲入烤焙紙,冰入冷凍至隔天裁切(厚度 0.7 公分)。【圖 i~j】

09. 烘烤溫度:上火 160℃、下火 130℃,時間約 25 分鐘。【圖 k】

10. 烘烤至整體著色均勻即可。【圖 l】

TIPS 小技巧

01. 從冷凍取出後要先拿到冷藏退冰才能切,否則在切的時候會因麵團太硬而碎裂。

Part-7
點心類

點心類介紹

西式點心主要起源於歐洲，回顧人類的點心歷史，最一開始的製作方法用現在的角度看來是非常粗糙的，畢竟當初只是由單純的麵粉、調和油與蜂蜜製作而成，誰會想到經過時間的推移後，會演變成多元發展的成熟產業，毫無特色的圓餅如今也成為各式各樣、五花八門的甜點，每個國家也都創造出可以表現各自民風特色、文化特徵的點心。

身為文化匯集之處的臺灣是一個多元美食之都，在這裡存在保有傳統工法，原汁原味的道地甜點，舉凡：法式甜點店、日系甜點店等；同時，也有結合了各個國家的精髓，相互截長補短而成為極具特色的創新產品。食材不斷跟進潮流、進步，也代表臺灣這幾十年來貿易的興盛，隨著進口商不斷引進國外的原物料，也賦予點心擁有更多的變化性。

野莓香草奶酪

奶酪是不需要用到烤箱的義式甜點,當微酸的野莓果香和奶酪完美融合,再用當季新鮮水果作為裝飾,加上一朵可食用的小花做為點綴,非常適合在高質感的優雅宴會中作為派對甜點,簡單、美味又引人注目。奶酪也是我在飯店實習過程中才學習到的甜點,在此之前,奶酪不曾出現在我的生活環境裡,所以在第一次吃到時,那充滿奶香味以及滑順的口感實在令人難以忘懷。

在製作奶酪時,想要增加風味可以用香草棒刮除香草籽,並浸泡在牛奶裡放置隔夜再操作,若喜歡帶有一點肉桂香氣則可以加入肉桂棒,放到牛奶煮滾後浸泡約五分鐘,浸泡越久味道會更濃厚,這應該是最奢侈的奶酪作法,也可以試著調整吉利丁的用量或加上喜歡的風味調酒,會有意想不到的滋味。

a

b

c

d

e

f

g

h

i

j

k

l

野莓香草奶酪

材料

牛奶	250	g
動物性鮮奶油	50	g
細砂糖	75	g
吉利丁片	4	片
香草莢醬	1	g
草莓凍	20	g

草莓凍：

草莓果泥	74	g
細砂糖	12	g
吉利丁片	1	片

作法提示

份量：4 杯
尺寸：奶酪杯（直徑 5.5x 高度 7cm）

作法

奶酪：

01. 先將牛奶、細砂糖與香草莢醬一起煮滾。【圖 a】

02. 將吉利丁片浸泡在 7℃的飲用水中泡軟。【圖 b】

03. 將瀝乾的吉利丁片加入拌勻。【圖 c】

04. 接著加入動物性鮮奶油拌勻。【圖 d】

05. 先倒入第一層奶酪進入杯中，放入冷藏 3 小時凝固。【圖 e】

草莓凍：

01. 將草莓果泥與細砂糖一起加熱至約 70℃。【圖 f】

02. 加入泡軟的吉利丁片拌勻。【圖 g】

03. 等溫度下降至約 25℃後，放一旁備用。【圖 h】

組合：

01. 將草莓凍倒入奶酪裡，接著包上保鮮膜放入冷藏凝固。【圖 i~j】

02. 倒入第二層奶酪，放入冷藏凝固後拿出淋上草莓凍即可。【圖 k~l】

法式焦糖烤布蕾

第一次吃到焦糖烤布蕾時的那份感動至今仍記憶猶新，還記得看到布蕾的第一眼，就被它的外表深深吸引，看似柔嫩滑順的布蕾體，蓋上薄脆的焦糖外衣，好似高貴典雅的婦人一般氣質出眾，而酥脆的焦糖略帶苦澀與一絲甜味，入口時馬上就在味蕾中肆意擴散，但這味道持續不久，瞬間就被席捲而來的濃郁奶香蓋了過去，難以抗拒其魅力的我，馬上就深陷其中。這是一份簡單、容易上手的高級法式甜點，相信學成之後，不論是送給家人、親人或者愛人都是絕佳的甜點。

製作小技巧TIPS

▲如果烤溫太高、過熟也會造成組織有氣孔。
▲布蕾液入模前需要過篩兩次，如果表面有氣泡可以用噴火槍消除。

a

b

c

d

e

f

g

h

法式焦糖烤布蕾

材料

牛奶	200 g
動物性鮮奶油	200 g
香草莢醬	8　g
細砂糖	45　g
蛋黃	100 g
細砂糖	適量

作法提示

份量：5 杯

鋁箔布蕾杯（直徑 80x 高度 35mm）

作法

01. 將牛奶、香草莢醬放入煮鍋中，以中火煮至煮鍋邊緣小滾（約 80°C）。【圖 a】

02. 將細砂糖與蛋黃放入鋼盆中攪拌均勻。【圖 b】

03. 將作法 01 分次慢慢加入作法 02 中。【圖 c】
（加入過程中**需不停攪拌**，以免溫度太高把蛋黃液燙熟。）

04. 將布蕾液用篩網過篩 1 次，再加入動物性鮮奶油攪拌。【圖 d】

05. 拌勻後再過篩一次，倒入烤杯中。【圖 e】

06. 烘烤溫度：上火 140°C、下火 140°C 隔水蒸烤（約烤盤 1 公分高的水量）。【圖 f】

07. 從烤箱拿出後放入冷藏保存至隔天。【圖 g】

08. 食用前在表面撒上細砂糖，並用噴槍燒烤至糖融，呈現焦糖色澤。【圖 h】

TIPS 小技巧

01. 若倒入模具中的布蕾液表面有氣泡，可以用噴槍小火將氣泡去除。

經典水果塔

法式塔類甜點最重要的就是將塔皮做好，每一個細節都需要一再注意，不論是塔皮麵團的製作過程、溫度的控制、入模整形差異，到最後的烘烤階段，每次的環節都會影響最終的口感。

製作小技巧TIPS

▲塔的組成四大元素：
　奶油：奶油的比例越高，塔皮口感會越酥鬆。
　糖：糖有助於上色，並且會帶來脆的口感。
　麵粉：麵粉影響塔殼的軟硬度，麵粉越多塔越硬。
　液體：調節軟硬度、糊化麵粉、增加化口性，使烤好的塔殼更加穩固。

▲不要過度揉捏麵糰、使麵糰產生筋性、烤後口感會過於硬脆。

▲砂糖顆粒較大無法均勻的融於麵糰中，烤出來的塔皮容易有明顯的糖結晶，因此會建議使用純糖粉。

▲靜置休息讓麵團充分鬆弛，烘烤後才不易緊縮變形。

▲塔皮需緊貼模具以免殘留的空氣在烘烤時加熱膨脹造成凸起，不僅影響美觀且造成受熱不均。

▲烘烤時會在塔皮戳洞、讓空氣可以流出，也可使用有孔洞的塔模、或是在烤盤上墊有孔洞的矽膠墊幫助透氣。

- 塔皮 -

- 杏仁餡 -

- 組合 -

經典水果塔

材料

塔皮：

無鹽奶油	104	g
一般糖粉	62	g
鹽	1	g
全蛋	35	g
低筋麵粉	176	g
杏仁粉	22	g

杏仁餡：

無鹽奶油	46	g
一般糖粉	38	g
蛋黃	6	g
全蛋	52	g
低筋麵粉	10	g
杏仁粉	36	g
泡打粉	1	g

作法提示

份量：2 個

活動式六吋派盤：SN5025

作法

塔皮：

01. 先將一般糖粉過篩，並與奶油、鹽一起拌勻打軟，不需打發。【圖 a】
02. 接著分 3~4 次加入全蛋。【圖 b】
03. 將低筋麵粉過篩，並加入杏仁粉一起拌勻。【圖 c】
04. 將作法 03 倒入作法 02 中拌勻。【圖 d】
05. 接著放入塑膠袋中整形、鋪平，再放入冷藏鬆弛 30 分鐘。【圖 e】
06. 在桌面撒上手粉，並將冷藏後的塔皮稍微搓揉。【圖 f】
07. 先將塔皮分成 190g 一份，再各別桿至約 0.4 公分厚的圓片，接著舖入烤模整形、鋪平。【圖 g~h】

杏仁餡：

01. 將一般糖粉過篩。【圖 i】
02. 將無鹽奶油與糖粉一起拌勻。【圖 j】
03. 加入杏仁粉拌勻。【圖 k】
04. 分次加入全蛋和蛋黃拌勻。【圖 l】
05. 將低筋麵粉與泡打粉一起過篩。【圖 m】
06. 倒入作法 04 中拌勻，蓋上保鮮膜冰入冷藏備用。【圖 n】

組合：

01. 在塔皮表面上插洞。【圖 o】
02. 擠入約 7 分滿的杏仁餡（一個塔皮約 90g 的杏仁餡）。【圖 p】
03. 烘烤溫度：上火 190℃、下火 180℃，約烤 20 分鐘表面上色。
04. 表面著色後，將烤溫調整為上火 160℃、下火 190℃，拉氣門，烘烤 10~15 分鐘。【圖 q】
05. 最後待冷卻後擠上香草卡士達餡，擺上裝飾即可。【圖 r】

TIPS 小技巧

01. 塔皮的大小需要大過於塔模。
02. 烘烤時要讓表面均勻上色，底部塔皮也要確保有著色。
03. 使用香草卡士達餡前需先拌勻。

北海道奶油夾心餅

材料

餅皮：

無鹽奶油	175	g
一般糖粉	100	g
蛋黃	60	g
低粉	220	g
杏仁粉	140	g

內餡：

北海道乳酪	240	g
一般糖粉	16	g
蔓越莓	72	g
白蘭地	48	g

作法提示

份量：約 40 片（20 組）
尺寸：310x280x7mm

作法

餅皮：

01. 先將一般糖粉過篩，並與奶油一起拌勻打軟，不需打發。【圖 a】

02. 分三次加入蛋黃拌勻。【圖 b】

03. 再加入過篩後的低筋麵粉與杏仁粉並攪拌均勻。【圖 c】

04. 將麵糰放在兩張烤焙紙中間，並用擀麵棍擀壓至厚度約 0.7 公分方型，並放入冷凍約 2 小時。【圖 d】

05. 先修邊，再將麵糰裁切成長 7 公分、寬 3.5 公分大小。【圖 e~f】

06. 烘烤溫度：上火 160℃、下火 130℃，烘烤至均勻著色，約 25~30 分鐘。【圖 g~h】

內餡：

01. 先將乳酪與過篩的糖粉拌勻。【圖 i】

02. 將蔓越莓泡白蘭地一天後稍微切碎，並倒入作法 01 中拌勻，放冷藏備用。【圖 j】

組合：

01. 將內餡擠在餅乾上（約 16g），蓋上第二層餅乾即可。【圖 k~l】

TIPS 小技巧

01. 蔓越莓泡白蘭地前可以先烘烤 10 分鐘。

脆皮香醇牛奶泡芙 故事介紹

脆皮泡芙的外表可愛精緻，酥酥脆脆的外殼包裹著滿滿的爆漿香草卡士達餡，一口咬下內餡隨即傾洩而出，在炙熱的夏季來份冰涼酥脆的牛奶泡芙，不禁讓人覺得幸福滿滿。

製作小技巧TIPS

▲泡芙膨脹原理：
　　a. 麵粉中之澱粉充分糊化，蛋白質受熱會變形，產生鎖住水分和包裹住空氣的作用，在烘烤加熱時，水蒸汽產生像氣球般的將氣體包起來，使外皮膨脹。
　　b. 麵團內部的水份及油脂，經烤焙後會受熱分離，產生爆發性強的蒸汽壓力，使其膨脹。

▲水分的揮發不同、麵粉的吸水性不同，都會影響到雞蛋的使用量。
▲高筋、低筋、中筋麵粉都可以製作泡芙。
▲理論上糊化後吸水量大，膨脹的動力就強。
▲太早打開烤箱，泡芙未定型時遇到冷空氣就會回縮，泡芙就會塌扁。
▲加入蛋液攪拌時溫度過高（超過 60 ℃），雞蛋被燙熟，影響膨脹。
▲加入蛋液攪拌時溫度過低（低於 45 ℃），造成麵糊無法吸收足夠的蛋液，影響膨脹。
▲蛋液加太多麵糊太稀烤出來就會扁平。
▲蛋液如果加不夠泡芙殼就會比較厚。

脆皮香醇牛奶泡芙

材料

泡芙皮：

水	70	g
牛奶	70	g
無鹽奶油	56	g
鹽	1.5	g
細砂糖	3	g
高筋麵粉	84	g
全蛋	114	g

泡芙頂蓋脆皮：

無鹽奶油	40	g
細二砂糖	50	g
低筋麵粉	50	g

作法提示

份量：約 25 顆
　　　（一顆約 36g）

慕斯圈壓模（直徑 35mm）
平口花嘴：SN7068

Part-7 點心類

作法

泡芙頂蓋脆皮：

01. 先將無鹽奶油與細二砂糖拌勻。【圖 a】

02. 加入過篩後的低筋麵粉拌勻。【圖 b】

03. 將麵團放上烤焙紙上，用擀麵棍擀平至厚度約 0.3 公分。【圖 c】

04. 用慕斯圈壓模壓出直徑 3.5 公分的圓形麵團即可。【圖 d】

泡芙皮：

01. 先將水、牛奶、無鹽奶油、鹽與細砂糖，拌煮至沸騰。【圖 e】

02. 加入過篩後的高筋麵粉攪拌成糰，至不沾鍋為止。【圖 f】

03. 用**槳狀攪拌器**攪打麵團，降溫至 60℃。

04. 將全蛋分 2~3 次加入攪拌。【圖 g】

05. 攪拌至麵糊用橡皮刮刀刮時可以呈現**倒三角形**的狀態。【圖 h】

06. 放入裝有平口花嘴的擠花袋中，並擠上烤盤（直徑約 3.5 公分）。【圖 i】

07. 蓋上泡芙頂蓋，可蓋住泡芙體面積約八分大小即可。【圖 j】

08. 第一階段：上火 190℃、下火 170℃先烤 20 分鐘，表面稍微上色後將上火調降至 170℃。【圖 k】

09. 第二階段：上火改為 170℃、下火改為 160℃，續烤約 25 分鐘並拉氣門。【圖 l】

組合：

01. 將出爐的泡芙剖開，擠入香草卡士達餡（參照 P.19）與馬士卡邦香緹（參照 P.16）；亦或是在底部鑿洞，直接灌入內餡。【圖 m~n】

02. 最後撒上防潮糖粉即可。【圖 o】

TIPS 小技巧

01. 製作巧克力口味可添加可可粉 11g。

02. 核桃先烤半熟，上下火：200/200℃ 6 分鐘。

03. 沒有槳狀攪拌器也可以使用刮刀。

04. 麵糊若沒辦法呈現倒三角形的狀態，則需要再補充蛋液攪拌（視麵糊狀態調整）。

05. 烘烤時，在泡芙未定型之前，不可以打開烤箱門，會造成泡芙體坍塌。

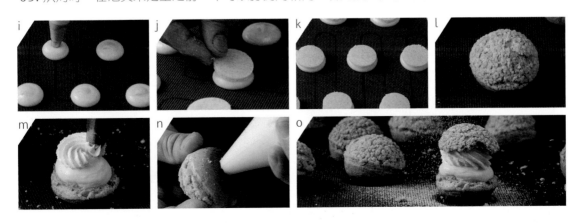

國家圖書館出版品預行編目（CIP）資料

廖楷平的伬房甜點鋪 / 廖楷平著 . -- 一版 .
-- 新北市：優品文化事業有限公司 , 2023.04
176 面；19x26 公分 . -- (Baking；18)
ISBN 978-986-5481-39-1(平裝)

1.CST: 點心食譜

427.16   111018678

廖楷平的
伬房甜點鋪

Baking：18

作　　　者	廖楷平
總 編 輯	薛永年
美 術 總 監	馬慧琪
文 字 編 輯	魏嘉德
美 術 編 輯	陳亭如
攝　　　影	洪肇廷
攝 影 助 理	劉怡欣
業 務 副 總	林啟瑞

出 版 者	優品文化事業有限公司
地　　　址	新北市新莊區化成路 293 巷 32 號
電　　　話	02-8521-2523
傳　　　真	02-8521-6206

總 經 銷	大和書報圖書股份有限公司
地　　　址	新北市新莊區五工五路 2 號
電　　　話	02-8990-2588
傳　　　真	02-2299-7900
E-mail	8521book@gmail.com（ 如有任何疑問請聯絡此信箱洽詢 ）

網 路 書 店	www.books.com.tw 博客來網路書店
出 版 日 期	2023 年 4 月
版　　　次	一版一刷
定　　　價	480 元

Printed in Taiwan

上優好書網

FB粉絲專頁

LINE 官方帳號

Youtube 頻道

讀者回函

廖楷平的
私房甜點鋪

以下資料填寫完畢，並將讀者回函卡寄回本公司（Facebook 欄位為必填），即可進入廖楷平老師的私密臉書粉絲團，免費獲得一支市價 1800 元的獨家線上課程影片。

姓名：	性別：□男 □女	Facebook 帳號（必填）：

掃描 QR-Code
加入社團觀看
限定課程影片

聯絡電話：　　　　　　　　　年齡：　　　歲

Email：

通訊地址：□□□-□□

學歷：□國中以下 □高中 □專科 □大學 □研究所 □研究所以上

職稱：□學生 □家庭主婦 □職員 □中高階主管 □經營者 □其他：

● 購買本書的原因是？

□興趣使然 □工作需求 □排版設計很棒 □主題吸引 □喜歡作者 □喜歡出版社

□活動折扣 □親友推薦 □送禮 □其他：＿＿＿＿＿＿＿＿＿

● 就食譜叢書來說，您喜歡什麼樣的主題呢？

□中餐烹調 □西餐烹調 □日韓料理 □異國料理 □中式點心 □西式點心 □麵包

□健康飲食 □甜點裝飾技巧 □冰品 □咖啡 □茶 □創業資訊 □其他：＿＿＿＿

● 就食譜叢書來說，您比較在意什麼？

□健康趨勢 □好不好吃 □作法簡單 □取材方便 □原理解析 □其他：＿＿＿＿

● 會吸引你購買食譜書的原因有？

□作者 □出版社 □實用性高 □口碑推薦 □排版設計精美 □其他：＿＿＿＿

● 跟我們說說話吧～想說什麼都可以哦！

♥ 為了以更好的面貌再次與您相遇，期盼您說出真實的想法，給我們寶貴意見 ♥

□□□-□□

寄件人 地址：

　　　姓名：

24253 新北市新莊區化成路 293 巷 32 號

上優文化事業有限公司　收

（優品）

廖楷平的
傩房甜點鋪　讀者回函

（請沿此虛線對折寄回）

廖楷平的
傩房甜點鋪

廖楷平 著

優品文化事業有限公司
電話：(02)8521-2523
傳真：(02)8521-6206
信箱：8521service@gmail.com

上優好書網　　FB粉絲專頁　　LINE官方帳號　　Youtube 頻道